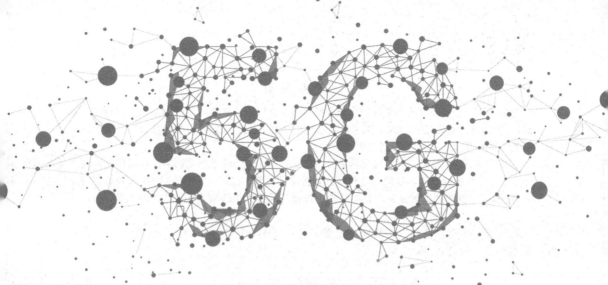

5G产业

新智能时代革命

张 蕾/编著

U0281376

电子工业出版社

Publishing House of Electronics Industry

北京 · BEIJING

内 容 简 介

2019 年 6 月，5G 商用牌照的下发意味着 5G 时代正式来临。作为第五代移动通信技术，5G 不只应用于移动通信领域。未来，其将与物联网、人工智能等技术相结合，广泛地应用于各行业中，推动各行业的发展与变革。

本书讲述 5G 特点、关键技术等方面的知识，并分析 5G 带来的影响及发展现状，同时重点分析 5G 在各行业的具体应用及对各行业带来的改变。此外，本书还对 5G 未来的发展进行了展望。5G 拥有广阔的发展前景，其应用普及将会极大地改变人们的生产和生活方式。

图书在版编目（CIP）数据

5G 产业：新智能时代革命 / 张蕾编著. —北京：电子工业出版社，2021.2

ISBN 978-7-121-40491-7

Ⅰ. ①5… Ⅱ. ①张… Ⅲ. ①第五代移动通信系统 Ⅳ. ①TN929.53

中国版本图书馆 CIP 数据核字（2021）第 018627 号

责任编辑：刘志红　　文字编辑：曹　旭
印　　刷：涿州市般润文化传播有限公司
装　　订：涿州市般润文化传播有限公司
出版发行：电子工业出版社
　　　　　北京市海淀区万寿路 173 信箱　邮编　100036
开　　本：720×1 000　1/16　印张：12.75　字数：204 千字
版　　次：2021 年 2 月第 1 版
印　　次：2024 年 3 月第 2 次印刷
定　　价：89.00 元

前 言

自 5G 牌照下发以来，5G 一直是各行业讨论的热点话题。高速率、低时延、大带宽的 5G 网络极大地提升了网络质量，而其与物联网、人工智能等技术的融合应用将推动各行业的智能化变革。

在 5G 技术的支持下，物联网的发展将迎来突破性的进步，传统的物联网受困于网络技术的局限性而达不到完全的智能化，而借助 5G 网络，物联网的数据处理速度将会明显提升，同时低时延的 5G 网络也将提升物联网设备的智能化水平。人工智能作为智慧产业发展的基石，能够与 5G 协同发展。人工智能能够解决 5G 网络运行中的多种复杂问题。同时，在 5G 网络的支持下，人工智能的应用场景也在增加。

未来，物联网、人工智能、大数据、AR（Augmented Reality，增强现实）、VR（Virtual Reality，虚拟现实）等技术将在 5G 的支持下应用于更多领域。

在智能制造行业，搭载 5G 网络的智能机器人将遍布于智能工厂，自动化生产将成为现实；在医疗行业，电子病历的普及将打破各医疗机构间的信息壁垒，提升患者就医体验，远程医疗也会成为现实；在教育行业，新技术与新应用将推动教育模式的创新，VR 教育成为现实；在新零售行业，智能系统与智能应用的普及将实现智能化、自动化零售，提升消费者购物体验；在农业领域，农业生产与管理也能够实现更全面的智能化。

5G 将极大地改变人们的生产与生活方式。智慧城市的建设使人们感受到更高效、便捷、安全的城市服务。同时，在娱乐与社交方面，各种智能设备的出现丰富了人们的娱乐与社交方式，加强了人与人之间的交流。

总之，5G 加速了各行业的变革。在生产方面，各种智能设备不仅能够将人们从重复、繁重的工作中解放出来，而且还能够有效地提高生产效率；在生活方面，智能家居、智慧出行及各种智能娱乐、社交方式的出现不仅为人们的日常生活提供了便利，而且还带给了人们更新奇的体验。

5G 拥有广阔的发展前景，当前，三大运营商正在逐步加快 5G 基站及其他 5G 基础设施的建设，华为、中兴等企业也纷纷布局 5G 领域。除我国外，美国、韩国等国家也纷纷在 5G 领域发力。5G 领域的竞争无疑是激烈的，但其发展也是未来的趋势，企业若想获得更好的发展，就要跟随时代发展的趋势，借先进技术为自己赋能。

著　者

目 录

CONTENTS 《

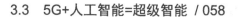

第1章

5G，改变世界的新技术

5G 牌照下发后，许多企业都纷纷加快了在 5G 领域部署的速度。当前，众多 5G 基站纷纷建立，5G 手机也纷纷面世。然而，很多人对 5G 的概念还很模糊。作为新一代移动通信技术，5G 的发展与应用将会对各行各业产生深刻的影响。想要全面地了解 5G，首先要了解 5G 是什么、5G 对科技和经济的影响及 5G 发展的现状。

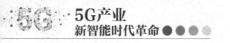
1.1 认知 5G：特点、技术和架构

可以从哪些方面认知 5G 呢？5G 拥有高速率、泛在网、大带宽、低时延等特点，它采用了多种关键技术，同时其全新的网络架构与 4G 的网络架构也大不相同。与 4G 相比，5G 的网络性能更加优越，拥有许多 4G 无法比拟的优势。

1.1.1 5G 的四大特点

提到 5G，许多人的第一反应就是传输速率快，这是 5G 最突出的特点，却并不是其唯一的特点。在 5G 时代，人们的生活场景会因技术的变革而产生翻天覆地的变化，同时，5G 也会给人们带来更好的使用体验。

1. 高速率

相比 4G，5G 在速率上有了很大提升。在 4G 网络下，传输速率最快能达到 100Mbit/s，而 5G 网络的传输速率则能够达到 10Gbit/s，理论上 5G 网络的传输速率比 4G 网络快百倍。中国联通 2019 年 4 月在官网中公布的数据显示，5G 手机的网络测试速率已达到 2Gbit/s，而其在现实生活中的应用速率也能够达到 200Mbit/s，远超现有的光纤网络速度。

2. 泛在网

相比 4G，5G 信号的传输距离要短很多。这就意味着，要建设足够多的 5G 基站才能够保证 5G 网络的全面覆盖。虽然 5G 信号的传输距离短，但是 5G 网络的覆盖面积并不会因此受到限制。

早在 5G 正式商用之前，各大运营商就开始了对 5G 基站的部署。在 2019

年 2 月举办的世界移动通信大会上，中国电信展出了 5G 白盒室内小基站的原型机，而大量布置白盒小基站正是扩大 5G 信号覆盖面的最佳途径。白盒小基站的应用不仅能够扩大 5G 信号的覆盖面，解决室内分系统升级的难题，而且还降低了基站硬件的通用标准，使国产芯片能够发挥更大的作用，在促进我国芯片设计的发展和进步的同时也为虚拟基站的建设奠定了基础。

在 3G、4G 时代，中国移动在通信网络领域一直处于领先地位，而 5G 的出现将三大运营商再次拉回同一起跑线。为了在新的竞争中获得领先地位，中国电信与设备商一同进行小基站的相关实验和研发工作，推动了 5G 的落地应用。

5G 时代的到来将会使人们逐渐迈入智能化时代，因此泛在网就显得尤其重要。当前，4G 网络并没有实现全面覆盖，如在电梯、地下车库等场所难以连接 4G 网络。在 5G 时代，车联网将获得快速发展，如未来人们停车时会用到电子停车位证明等。在这种情况下，网络信号的覆盖就尤其重要。因此，覆盖范围更广的 5G 网络能够极大地满足智能化时代人们的生活需求。

3. 大带宽

带宽的大小是影响网络运行速度的重要因素。在 3G 时代，人们想要观看一部电影往往需要中途暂停缓冲多次；而 4G 的带宽扩展后，人们能够流畅地观看一部电影，但在体验大型游戏时依旧会出现卡顿现象；5G 的大带宽则完全解决了设备运行卡顿的问题——在 5G 网络下，更多的设备可同时接入并平稳运行。5G 能够使用户得到更流畅的网络使用体验，同时，大带宽也能够为 5G 在工业等领域的落地应用提供保障，使工业互联网成为可能。

4. 低时延

低时延是促进 5G 应用落地的一个重要的因素。在很多情况下，4G 网络的速度足够使用，但其约 20ms 的时延是阻碍工业领域实现完全智能化的重要原因，而 5G 将时延压缩至 1ms，低时延的 5G 网络能够大大提高智能设备的反应速度，提高其运行效率。

5G能够促进VR领域的发展。虽然当前VR领域已经获得了一定程度的发展，各种VR设备也已经出现，但是4G网络下的VR设备运行并不流畅，容易使用户产生眩晕感。而低时延的5G网络能够保证VR设备运行时的流畅度，为VR设备的应用和普及提供技术支持。

同时，低时延的5G网络也将促进车联网的进一步发展。无人驾驶汽车的运行往往需要内置系统对路况信息进行收集并迅速下达行进指令，而低时延将确保无人驾驶汽车对指令的及时执行。在道路交通情况较为复杂的地区，相比4G网络，5G网络更能确保乘客的安全。

综上所述，5G的低时延特性能够助力5G应用的落地，也能够促进多种智能产业的发展。低时延在新智能时代将发挥出巨大的作用，使人们的生活更加安全、便捷。

1.1.2　5G的核心技术

5G的高速率、泛在网、大带宽、低时延特性能够为各行各业带来便利，同时这些优势是依托其使用的诸多关键技术而存在的。5G拥有四大核心技术，如图1-1所示。

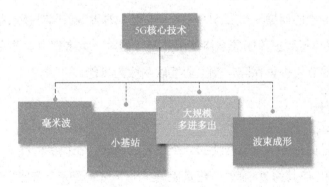

图1-1　5G的四大核心技术

1. 毫米波

毫米波是 5G 的核心技术之一，该技术为信号的高效率传输打下了基础。5G 的频段主要分为 FR1 和 FR2 两个频段。FR1 的频率范围为 450MHz～6GHz；FR2 的频率范围则为 24.25～52.6GHz，也就是毫米波。

对移动通信技术而言，频谱是非常珍贵的资源，频谱资源分为高频段与低频段两种。当今移动通信技术所用资源都是 6GHz 以下的低频段频谱资源，而 6GHz 以上的高频段频谱资源，即毫米波的开发还存在很大的空间。在低频段中，移动通信网络所能占用的最大带宽范围为 100～200Mbit/s，但毫米波能够占用的最大带宽范围为 800～2000Mbit/s。可以看出，毫米波频段的可用带宽相比低频段宽带扩大了 10 倍左右。

同时，随着开发技术的不断成熟，毫米波的使用成本也在不断降低，其使用规模也在增加。

2. 小基站

5G 手机在 2019 年下半年已被正式推出，而三大运营商早在 2019 年上半年就已经开始对 5G 基站进行部署。中国信息通信研究院公布的信息显示，5G 通信网络整体投资的 40% 都和基站建设有关。

"小基站"是相较"宏基站"而言的，小基站是信号发射功率更低、覆盖面积更小的基站。在 5G 采用的毫米波频段中，信号发射功率越高，其波长也越短，在受到障碍物阻隔时，其传播能力会大打折扣。因此，使用宏基站并不利于 5G 信号的传播。

多数城市建筑的范围较大，使用宏基站往往会令 5G 信号无法覆盖所有地区。因此，多个小基站的同时使用是使 5G 信号覆盖所有地区的最佳方案。

与宏基站相比，小基站的信号发射功率较小，覆盖面积也更小，但小基站安装十分灵活，能够实现 5G 信号的精准覆盖。用户在多个小基站组成的 5G 信号

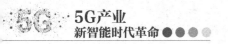

覆盖区域内移动时，网络的流畅性能够得到有效保证，不会出现某一区域信号较弱的情况。同时，小基站也能够作为宏基站的补充，在飞机场、地铁站这类信号较弱的地区布置多个小基站能够帮助人们实现无死角、高质量的网络通信。

3. Massive MIMO（大规模多进多出）

在 5G 的毫米波基站中，Massive MIMO 技术的使用能够有效提升用户数据的传输速率，其信号覆盖率也更广。Massive MIMO 技术的关键核心是在信号的发送端和接收端安装更加密集的天线，以此容纳、聚合更多的数据，创建出数据串流层。

传统 TDD（时分双工）网络的天线数量一般是 2～8 根，而 Massive MIMO 技术的天线数量则为 64～256 根。同时，Massive MIMO 技术的信号覆盖也不再是垂直的信号覆盖，而是呈现辐射状的电磁信号覆盖，因此 Massive MIMO 技术的信号覆盖程度更好。总之，无论是数据传输速率还是数据吞吐率、信号覆盖程度等，Massive MIMO 技术的优势都要远超于传统 TDD 网络。

4. 波束成形

5G 使用毫米波频段能够提升信号的传播速度，但是，信号在传播的过程中，无线信号的质量往往会出现损失，而微小的信号衰减也会对传输结果产生巨大的影响。波束成形技术的使用能够解决这一问题。

波束成形技术是一种定向的信号传播技术，相比传统的信号传播方式，使用波束成形技术进行信号传播能够将传播过程中的信号损失降低到最小。采用了波束成形技术后，5G 基站需要使用许多不同指向的波束才能够完全覆盖一片区域，而用户在接收到波形信号后，该信号还能收集用户的位置信息，对波束信号的传播方向进行进一步地优化。

虽然波束成形技术的使用成本远高于传统的信号传播技术，但是其有效解决了信号传播过程中的质量损失问题，也能够容纳更多的传输终端。这将为用户提供更加流畅的网络，提升用户的使用体验。

1.1.3　5G 的网络架构

在 5G 时代，信息传输将不再单纯局限在人与设备之间，设备与设备之间也能够自动地进行信息传输。相比传统网络的信息传输模式，5G 技术对网络架构进行了优化，使网络的承载力得到提高，用户也能够获得更好的使用体验。

相较 4G 网络只是将核心网与局域网进行了连接，5G 网络则真正改变了通信网络的布局，将网络运行所需的软件与硬件分离。同时 SDN（Software Defined Network，软件定义网络）及 NFV（Network Function Virtualization，网络功能虚拟化）技术的引入使 5G 网络架构更加灵活，保障了用户的隐私安全，而 5G 网络的部署与检修也更加方便。

SDN 是一种新型的创新网络架构系统，其通过实现软件可编程的架构将网络设备的控制面板与数据拆分，能够实现对网络流量的精准控制，使网络运行更加灵活。

在传统的网络架构中，控制面板的功能被平均分配到每一个网络节点中，因此在部署新功能时需要对所有网络节点的设备进行升级。这时网络功能升级的效率被大幅度拉低，而 SDN 网络架构系统的控制面板与数据面板被分离开，不同的面板能够平行工作，在进行数据的更换时也不需要停止控制面板中各个网络节点的运行，大大提高了网络资源更新部署的效率。

而 NFV 通过使用各种通用性硬件和虚拟化技术，使 5G 网络能够承载更多的专用硬件或软件功能。这能够降低设备的运行成本，也能够让 5G 网络的设备功能得到增强，不再依赖于某一专用硬件。

在 NFV 网络架构体系中，网络资源能够得到充分的整合并再次被利用，实现网络资源的灵活分配与共享，促使新的网络技术能够被更快地开发和部署出来。同时，NFV 技术也能够与云计算技术相结合，利用虚拟机实现网络功能的

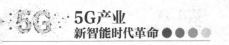

升级，加快构建新型网络的效率。

因此，采用 SDN/NFV 技术的新型网络架构方式能够有效提升 5G 网络的运行效率，也为 5G 网络的更新提供了便利，降低了 5G 网络的维护成本。5G 的新型网络架构可以自行匹配海量业务，并且能根据业务特点，满足差异化的需求，即在全网基础上，根据用户需求调配网络中的各项资源。

1.1.4　5G 与 4G 的比较

5G 与 4G 有什么不同？相比 4G，5G 在技术方面有了进一步的提升，两者的不同之处表现在以下 3 个方面，如图 1-2 所示。

图 1-2　5G 与 4G 的不同之处

1. 采用的技术不同

在频谱上，4G 采用了 6GHz 以下的低频段频谱，而 5G 采用了 6GHz 以上的毫米波频段频谱。5G 的带宽占用要远高于 4G，其所能达到的网络传输速率也远远高于 4G。同时，5G 的小基站布局也使其覆盖面积和信号传播强度远大于采用宏基站布局的 4G 网络，同时时延远低于 4G 网络。

2. 对现实生活的影响不同

5G 的网速较 4G 要快百倍，因此很多 4G 时代无法实现的设想能够在 5G 时代被一一实现。各项智慧设备将会陆续被研发出来并投入使用。智慧城市、智慧工业、智慧农业、智慧医疗等建设也将被提上日程。在 4G 时代无法发挥出全部作用的 AR/VR 技术也将在 5G 的助力下迎来新的发展。5G 技术能够为现实生活带来颠覆性的变化，新智能时代将在 5G 技术的引领下逐渐走来。

3. 发展潜力不同

时至今日，4G 的发展已经走到了顶点，而 5G 的发展却刚刚开始。预计在未来，更多的国家将会部署 5G 网络，同时也会有更多的 5G 应用被研发出来。随着 5G 网络的全面普及，其使用资费也将降低。

1.2 5G 催生"现象级物种"

5G 对科技的影响是十分深远的，在未来，5G 技术的发展将会催生出一系列"现象级物种"。人们的生活也将随着 5G 技术的发展迎来真正的智能化、自动化。

1.2.1 万物互联：连接更多设备

早在 1985 年，物联网这个概念就被提出了，而物联网的中心技术思想则是"按需求连接万物"，即万物互联。通过网络技术及全球定位系统、射频识别技术等使信息传感设备无处不在、无时不在的连接万物是万物互联的核心定义。万物互联的终极目标是对设备的智能化管理，并在此基础上构建出智能化的服务环境。

传统的互联网只是把人作为服务对象，连接人与人、物与人。但万物互联的实现则把所有物都囊括在服务对象的范围内。在万物互联的时代，所有设备都需要满足智能服务的要求，因此越来越多的传统设备被赋予了智能，并将在 5G 时代获得新生。

在万物互联的大环境下，各种智能服务系统或许会成为将来社会发展的重要基础设施。而智能服务系统也将成为几乎所有产品在未来必备的关键系统。在万物互联的前提下，各种传统设备被智能化，如智能手表、智能家居、无人驾驶、智能医疗等。数以万计的新设备在不断更新发展，而这些传统设备的改变也昭示着未来生活将会在5G技术的推动下更加数字化、智能化、精细化。

目前，万物互联的实际应用已在家居、医疗、工业、农业、制造业等多个领域取得丰硕成果。万物互联所带来的智能化和数字化变革也将改变多个行业的低迷现状。越来越多的传统产品和传统行业，甚至人们传统的生活方式都在万物互联发展的推动下被逐渐改变。

在生产方面，万物互联对工业、农业生产都影响深远。

（1）对工业生产的影响。

传统的工业制造部分依靠人力，部分依靠机器。而在万物互联的时代背景下，各种机器将会拥有更强的传感能力，能够识别出更多的信息并快速处理，这将大大提高工业生产的效率，实现生产过程的智能化。

（2）对农业生产的影响。

随着万物互联时代的到来，大数据分析将带领农业领域进入智慧农业的阶段。在未来，温度、湿度、土壤含量等都将被精准地监测，让人们能够对耕种时间进行更加准确的预测，同时也能够大幅度降低农业生产的损失。

在生活中，智能家居将遍布房间的每一个角落；在人们身体抱恙时，智能医疗系统能够及时提供服务；在外出时，智能交通系统会进行协助。

（1）智能家居。

智能家居是将室内部分家居与信息技术相结合而出的新时代家居。除具有使用功能外，智能家居同时拥有远程操控系统，能够为人们的生活提供便利。

（2）智能医疗。

在万物互联的前提下，智能医疗系统可以实时收集、分析人们的身体健康数据，并在人们身体不舒服时发送异常警报，同时将利用人们的身体数据展开病理分析，在最短的时间内为人们提供医疗服务。

（3）智能交通。

在万物互联的加持下，无人驾驶将成为现实，而交通路况也会变得更加有序。通过大数据分析和传感器、智能交通控制等多个系统的结合，未来人们的交通出行将会变得更加轻松与安全。

1.2.2　混合现实：连接虚拟与现实

随着5G时代的来临，许多新的商机也在到来。越来越多的智能设备与智能场景应用将会进入人们的生活，很多曾经受网络局限的技术也将迎来突破，这其中就包括AR和VR技术。

早在4G时代，各行各业就已经开始对AR/VR技术进行了各种研究与尝试，一些企业希望能够利用AR/VR技术创造出新的虚拟场景，但却由于各种技术原因难以突破。5G网络将为解决AR/VR技术难题提供帮助。5G网络的大带宽和高传输效率将会使企业在进行生产销售时利用AR/VR技术建造出更多的场景。

AR与VR有很大的不同。AR技术可以在现实世界中投射出虚拟的物体，如几年前风靡全球的游戏Pokemon GO就利用了AR技术；而VR技术能将整个虚拟场景投射到人们眼前，让人们身临其境地体验幻想中的世界。

在AR与VR技术的基础上，谷歌公司又提出了MR技术，即混合现实技术。目前，越来越多的对现实进行增强、虚拟，甚至混合的技术被开发出来，但要实际应用到人们的日常生活中却并不简单。

混合现实技术是利用各式传感设备和大数据模拟技术从空间上为人们打造一个虚拟场景。就现在的4G技术水平来看，想要完美呈现虚拟场景存在很大的困难。受通信网络的限制，更多触觉、听觉、嗅觉的模拟都不能实时进行，这就表示人们在模拟现实时难以获得身临其境的体验。

在5G时代，信息的传输将更为迅速，人们能够通过各种智能设备实时模拟

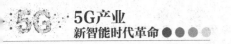
出更加真实的场景。同时，5G 技术下的各种智能设备能够传输更多地数据，这也为模拟触觉等感官感受时提供了更为准确的信息。可以预见，在不远的将来，随着 5G 技术的不断发展，人们可以通过各种智能设备足不出户进行"云逛街""云旅游"，也能够通过 VR 技术真实体验虚拟世界的生活。

1.2.3　人工智能：与 5G 共同发展

5G 技术的应用关乎各个领域的发展，人工智能领域也不例外。人工智能与 5G 技术能够相互促进、共同发展。

目前，人们对人工智能的应用主要依靠云计算和终端处理。当信息导入人工智能后，人工智能会利用终端对接收到的信息进行初步处理和提炼，随后发送到云端的人工智能的"大脑"中进行最后的处理与存放。但由于许多终端的信息处理能力、信息容纳能力和信息传输能力有限，目前多数人工智能还处于发展阶段，智能化水平较低。

而在 5G 技术的支持下，人工智能能够利用 5G 网络将信息传输到云端，并采用边缘计算技术进行信息的处理。5G 核心网络的分布式架构能够满足应用扩展到边缘的要求。而边缘网络则可以将所有的数据信息直接转发到边缘应用程序上，从而提升人工智能处理数据的速度。

因此，5G 技术对人工智能的发展就显得尤其重要。在 5G 时代，人工智能将能提供更智能的应用模式，反应速度也会进一步加快，同时更多直观的内容也将优化使用者的用户体验。5G 能够为人工智能领域带来更多的发展，成为人工智能领域发展过程中的新驱动力。

同时，人工智能的发展也将为 5G 时代下的智能化领域提供重要的帮助。在 5G 时代，人与物、物与物已经能够实现万物互联，而人工智能则能为万物互联提供更多的应用场景，如智能医疗、智能驾驶、智能家居等，都离不开人工智能的帮助。

由此可见，5G 网络需要人工智能的计算能力来疏导庞大的数据流并进行数据的传输和共享，而人工智能也需要 5G 的支持以提升计算效率并扩大数据库。

目前，已经有越来越多的人工智能进入了人们的生活，如手机中的智能语音助手就是 4G 时代的人工智能产物，而 AlphaGo（阿尔法围棋）这样的人工智能更是向人们展现了人工智能强大的算力。

综上所述，5G 能够推进人工智能的发展，而人工智能也将为 5G 时代人们实现智能化生活提供保障。未来，人工智能会与 5G 结合并产生巨大的商业应用价值，两者结合产生的领域也将会成为一个拥有巨大潜力的新型领域。

1.2.4　机器人觉醒：智能提升

从某种角度上来看，机器人应该属于人工智能的一个分支，但是机器人被赋予了实体。在一些应用场景中，机器人甚至能够代替人类进行一些工作。

在现阶段的机器人研发进程中，能够听、说、读、写已经是机器人的标准配置了。越来越多的企业正在为机器人赋予更多的功能，Boston Dynamic 公司就曾推出过 4 款机器人，如图 1-3 所示。

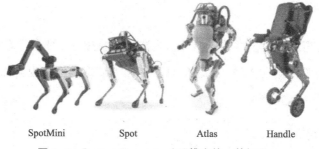

SpotMini　　Spot　　Atlas　　Handle

图 1-3　Boston Dynamic 公司推出的 4 款机器人

Boston Dynamic 公司的这 4 款机器人中，SpotMini 会撒娇、Spot 会测绘、Atlas 会跑酷、Handle 会下楼。此外，"未来日本酒店"甚至研发了会品酒的机器人 Yummy Sake，机器人正在渐渐变得无所不能。

虽然离真正的无所不能还有很长一段距离，但 5G 的出现无疑将为机器人研发和使用领域带来一次重大的变革。在 5G 时代，人们对智能产品的需求将会进一步提升，而各种工业生产、智慧医疗领域也将会引入更多的机器人进行日常工作。在 5G 技术的支持下，机器人产业也能够焕发新的生机，机器人将更容易操控，利用机器人进行社会生产的效率也将提高。5G 能够提升机器人的智能性，其表现如图 1-4 所示。

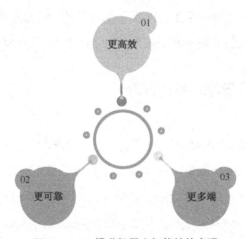

图 1-4　5G 提升机器人智能性的表现

1. 更高效

在 5G 的高速通信技术的支持下，机器人接收指令、信息等动作的速度会大幅度提升。同时机器人传输、处理信息并转化为动作的速度也会加快，这使得其工作效率将会大幅度提高。

2. 更可靠

现阶段的信息传输往往通过 4G 或 Wi-Fi 进行，这使得传输过程中信息会有受到干扰的可能。而在 5G 网络的覆盖下，信息传播时的覆盖能力加强，准确度也将得到大幅度提升。机器人能够更加准确地获取指令，从而减小出错的概率。

3. 更多端

在 5G 时代，众多小基站的密闭分布使可联网设备数量增加了 10～100 倍，而覆盖范围更广泛的通信设备即意味着机器人能够随时随地获取更多的信息，在各种应用场景下人们想要调动机器人也变得更加简单。

同时，机器人更能被广泛地应用到各个领域中，其精密度也会大幅度提升。未来，用机器人进行各种生活、生产活动或许会变得更加普遍，各种智能服务机器人也会进入人们的生活。5G 将会成为机器人发展的重要基础，而机器人的发展也必将为人们生活增添更多色彩。

1.3　5G 带来经济层面的影响

5G 时代的到来将促进各行各业的转型升级，并且能够催生出全新的产业，而这能够直接促进经济的发展。在不久的将来，5G 技术将会成为拉动 GDP（国内生产总值）增长的关键动力。

1.3.1　5G 对经济产出的贡献

随着 5G 的不断发展，5G 时代也即将到来。而 5G 的到来对经济产出的贡献也颇为可观。中国信息通信研究院发布的《5G 经济社会影响白皮书》显示，预计到 2030 年，5G 将带动中国直接经济产出 6.3 万亿元，经济增加值 2.9 万亿元，就业机会 800 万个；在间接贡献方面，5G 将带动经济总产出 10.6 万亿元，经济增加值 3.6 万亿元，就业机会 1150 万个。

5G 惊人的传输速率和几乎为零的网络延迟将会为人们构建出一个全新的网络空间。而其所能够带来的经济产出也将影响各行各业。5G 对经济产出的贡献

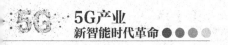

主要表现在以下 3 个方面，如图 1-5 所示。

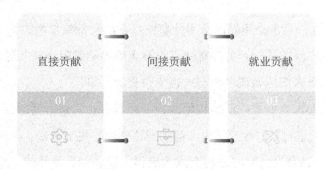

图 1-5　5G 对经济产出的贡献

1. 直接贡献

从 5G 能够带来的最直接的贡献上来看，5G 的全面部署能够有效带动相关产业的快速发展，其主要原因有 3 个。

（1）5G 部署和建网的过程中往往需要厂商采购大量的相关设备，而这将直接带动我国 5G 基础设备制造业的经济增长。

（2）5G 的全面部署能够使人们迅速进入 5G 时代，并需要为此更换能够搭载 5G 的终端设备，这也能够带动我国手机制造产业的经济增长。

（3）在 5G 时代，人们对各种衍生应用的需求更大，因此各大应用开发商也将致力于开发出更多适配于 5G 网络的新应用，相关的互联网、软件企业的经济也会因此被带动增长。

中国信息通信研究院的研究表明，在直接产出方面，如果按 2020 年 5G 正式商用为计算起点，预计当年 5G 能够带动约 4840 亿元的直接产出。而 2025 年、2030 年这两年，5G 带来的经济产出将分别增长到 3.3 万亿元、6.3 万亿元。这 10 年间 5G 所带来的经济产出的年均复合增长率为 29%。

2. 间接贡献

5G 的全面覆盖将带动我国各行业向数字化经济的转型。5G 的发展与人工智能技术将会相互促进。而结合大数据、云计算等技术，相关产业的生产制造和研发设计等流程也能够得到进一步的优化并进行深刻改革。

传统行业在 5G 及其相关技术的支持下，也能够提质增效、优化产业链结构，在降低成本的同时增加产能。这些传统行业在 5G 的带领下也能被再次焕新，迎来新的发展机遇。同时，通过各种行业之间的关联和波及效应，5G 对经济产出的影响也会被进一步放大，5G 能够带动各大行业和领域实现高水平发展。

中国信息通信研究院研究表明，在间接产出方面：2020 年、2025 年和 2030 年，5G 能够分别带动经济产出额为 1.2 万亿元、6.3 万亿元和 10.6 万亿元，其年均经济产出的复合增长率为 24%。

3. 就业贡献

5G 的产生将催生出许多全新的智能领域，其背后丰富的蓝海市场也为人们创造了更多的就业机会。5G 的发展不仅能够带动通信领域的发展，而且还能够催生出包括智能算法开发、智能设备研发、工业数据分析、相关行业应用解决方案等多个新型就业岗位。同时在 5G 算法的带领下，人们的就业模式也将会更加灵活，而更多的就业岗位也意味着更多的经济产出。

1.3.2　5G 对经济增加值的贡献

5G 的出现也带动了其背后丰富的蓝海市场的发展，而这些蓝海市场中所蕴含的商机是无穷的，其背后所能带来的经济增长值也相当惊人。5G 推动经济增长的风口如图 1-6 所示。

1. 智慧工厂

在 5G 时代，越来越多的工厂会为了节约成本并提高生产效率而选择使用更加自动化、智能化的机械手臂进行生产。工厂要想更高效地进行生产就需要高传

输速率、低时延的网络，而 5G 网络能够满足智慧工厂的建造需求。智慧工厂的建成能够进一步提高工厂的生产效率，为工厂增加更多的收益，从而扩大经济增长值。

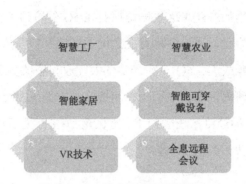

图 1-6　5G 推动经济增长的风口

2. 智慧农业

不只是工业，在 5G 技术的带领下，我国的农业构成也将更加现代化、智能化。越来越多的人工智能和大数据正在逐渐被应用到农业生产中，农业生产也变得更加智能和精细。5G 网络的发展能够为农业的智能生产提供重要的基础设施，加之物联网的配合，农业活动的每一步都能够被精确检测到。农业生产的智能化能够有效地提高农业生产的产能，降低各种意外的发生概率。农业产能的上升也能直接拉高我国的经济增长值。

3. 智能家居

近年来，智能家居产业在我国发展的愈加迅速。而 5G 的产生使这些智能家居的设备反应速度更快，运行更加稳定，对指令的执行也更加准确。在 5G 的推动下，我国的智能家居产业也将有新的发展。智能家居产业的蓬勃发展会使人们的生活更加高效，从而带动我国的经济增长。

4. 智能可穿戴设备

智能可穿戴设备在 4G 时代也曾火热一时，但距离智能可穿戴设备能够真正地改变人们生活的那一天还有很远的路要走，但 5G 的出现为智能可穿戴设备的发展提供了一个突破口。5G 的高速连接和低时延特性让智能可穿戴设备的应用场景增加许多。例如，在企业应用领域，智能可穿戴设备能够辅助企业的流水线工人进行更加全面的信息服务，提升企业的工作效率，增加企业产能。企业产能的增加也将直接带动经济的增长。

5. VR 技术

这两年 VR 技术一直都是一个发展火爆的领域，但在 4G 网络高时延的网络环境下，人们很难完美体验到 VR 技术的真实感。而 5G 的发展能够带动 VR 技术进入变革时期，5G 能够达到 20Gbit/s 的下行速率、10Gbit/s 的上行速率，而时延最低能够低至 1ms，这都为 VR 技术的优良体验提供了一个良好的环境。

预计到 2025 年，全球使用 VR 技术的用户将达到 4.4 亿人，可穿戴 VR 设备的将达到 80 亿台，而 VR 技术所能够带来的经济增加值将能达到 2920 亿美元。

6. 全息远程会议

在 VR 技术的基础上，未来人们办公时或许会更加方便，而全息远程会议就是 VR 技术在办公上的应用。人们可以随时随地召开一场全息远程会议，这相比普通的视频会议会更加真实生动。而类似全息远程会议的应用能够有效带动经济生产，提高经济效益。

1.3.3　5G，拉动 GDP 增长的关键动力

据美国高通公司预计，2020—2035 年，5G 的发展能够带来的 GDP 的增长量约为 2.45 万亿美元，而平均到每年的 GDP 增量约为 4235 亿美元。根据 GSMA

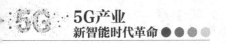

（全球移动通信系统协会）的预估，5G 的发展将促进全球的工业数字化和自动化，并能够使 2026 年的 GDP 增长 5%。由此可见，5G 的全面覆盖将通过各方面推动 GDP 的增长，如图 1-7 所示。

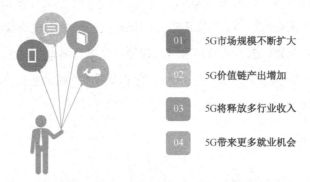

01	5G市场规模不断扩大
02	5G价值链产出增加
03	5G将释放多行业收入
04	5G带来更多就业机会

图 1-7　5G 通过各方面推动 GDP 增长

1. 5G 市场规模不断扩大

市场研究机构 MarketsandMarkets 的研究调查报告显示，在 2020 年，全球 5G 市场的规模达到了 539.3 亿美元，而预计在 2025 年，5G 市场的规模将达到 1232.7 亿美元。5G 市场规模不断增长的原因在于人们对移动互联网的体验需求和对智能手机的使用需求在不断增加，而这能够直接带动 GDP 的增加。

2. 5G 价值链产出增加

预计在 2035 年，全球 5G 价值链的产出将达到 3.5 万亿美元，其中我国将成为 5G 价值链产出增加最多的国家。而中国、美国、德国、法国、英国、日本、韩国这些国家的价值链产出总和能够达到全球总价值链产出的 77%。

3. 5G 将释放多行业收入

目前 5G 的商用绝大多数是面向消费者的，但在不久的将来，这一格局将会发生重大的改变，大约 80%的 5G 商用会转为面向各大行业，5G 的发展将有潜力释放更多的行业收入。在这 80%的商用实践中，制造业、能源工业、交通、娱乐、汽车、公共安全、医疗卫生和金融服务业将分别占据相应份额。获得经济产出最多的 3 个行业分别是制造业、零售业和公共服务业。到 2035 年，这 3 个行业将会在 5G 的支持下为全球的 GDP 增长做出重要贡献。

4. 5G 带来更多就业机会

在 5G 的支持下，各种新型产业将如雨后春笋般出现，而传统行业也将在 5G 的助力下不断转型。传统行业的转型和新兴行业的出现能够为人们带来更多的就业机会，GSMA 的研究显示，5G 的普及能够使失业率降到 10 年以来的最低点。到 2035 年，5G 带来的各大行业的兴起，能够给全球带来约 2200 万人次的就业机会，而就业机会的增加也意味着全球 GDP 的不断增加。

5G 的普及带来的不只是通信技术的变革，它更能对整个社会的经济产生重要的影响。到 2035 年，5G 能够给全球创造出约 12.3 亿元的经济产出。《5G 经济社会影响白皮书》显示，到 2030 年，5G 对中国经济产出的总贡献也将达到 16.9 万亿美元。由此可见，5G 的不断普及将拉动我国乃至全世界 GDP 的不断增长。

1.4　巨头并起，决战 5G 之巅

随着 5G 时代的到来，为了把握住 5G 行业中巨大的商机，各大企业都在紧锣密鼓地研发 5G 技术。哪家企业掌握更多的 5G 技术，哪家企业就能够在未来几年的发展中占得先机。因此，全球各大通信行业的巨头并起，在 5G 行业展开了激烈的竞争。

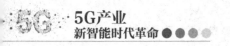

1.4.1 华为：加速了 5G 的发展节奏

华为的 5G 技术已在全球范围内保持了领先。华为 5G 技术的领先不仅使中国在全球 5G 市场的竞争中占据了一个有利的位置，更使全球 5G 的发展速度加快。华为在 5G 领域的领先表现在许多方面，如图 1-8 所示。

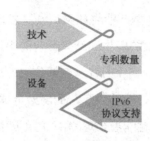

图 1-8　华为在 5G 领域中领先的方面

1. 技术

华为作为中国 5G 领域的重要代表，对 5G 通信基础及相关技术性问题等多方面都早已进行布局。5G 的核心技术分为两大部分：一部分是通信基站和手机等终端的无限接口技术，也就是空口技术；另一部分则是 5G 核心网络的架构技术。

新波形和新编码技术是空口技术的关键，也是建造出 5G 通信网络的重要基石。而在新波形技术上，华为已经研发出了能够获得 3GPP（Third Generation Partnership Project，第三代合作伙伴计划）标准化组织认可的 F-OFDM 技术，这项技术也成了全球统一的 5G 混合波形技术的标准。同时，华为还提出了能够控制 5G 信道的 Polar Code（极化码）编码方案，这也是华为在新编码技术上做出的重大突破。华为提出的这两项新技术也成了全球统一的 5G 标准技术。而华为在 5G 核心网络的网络架构方面也已有所成，在正式获得 5G 商用牌照之前，华为也早于其主要竞争对手三星完成了对于 5G 网络架构的测试。

2. 专利数量

柏林技术大学和德国专利数据公司 IPlytics 基于 ETSI（欧洲电信标准化协会）知识产权数据库的声明和在 3GPP 门户提交的标准贡献，联合整理了最新的 5G 标准专利状况研究的报告。

报告显示，截至 2020 年 1 月，全球 5G 专利声明达到 95526 项，21571 个 5G 专利族（同一项发明在多个国家申请专利产生的一组内容相同的文件出版物，为一个专利族）。在 ETSI 最新 5G 标准必要专利声明量排名中，中国企业的 5G 专利族数量占比为 32.97% 是美国（14.13%）的两倍还多。其中，华为以 3147 族排名第一。

3. 设备

想要真正使用 5G 技术，就必须拥有能够搭载 5G 技术的各种设备，其中就包括 5G 基站和光通信设备。而华为则是全球第一的 5G 设备供应商。其中华为的 5G 基站在全球基站设备市场中占有率大约为 33%，华为的光通信设备的占有率则有 40%~45%。

4. IPv6 协议支持

为了迎接 5G 时代的到来，全球各行各业的厂商都在紧锣密鼓地进行万物互联的作业，而想要实现真正的万物互联，就必须接入 IPv6 协议（互联网协议第 6 版），而华为正是 IPv6 协议标准的制定者之一。作为全球最大的 IPv6 网络，CNGI 中超过 70% 的网络设备和解决方案都是由华为提供的。

综上所述，华为在 5G 的发展中，无论是在技术、专利数量、设备数量还是在对 IPv6 协议制定的贡献上，都保持在全球 5G 行业的领先位置。而华为对全球 5G 技术的发展做出的贡献也是相当巨大的，华为正在带动全球 5G 行业的发展。

1.4.2　中兴通讯：提出"Pre5G"概念

中兴 Pre5G 是 4G 演进加上 5G 的提前应用，Pre5G 具有 4G 终端兼容性以及更高的速度等特性，Pre5G 支持 5G 关键技术，并能够支持 5G 的新业务。

为了向 5G 演进，Pre5G 将一些 5G 关键技术在现有网络中进行了部署，以提升运营商网络的整体性能表现。

中兴 Pre5G 是商用 5G 网络前运营商应对挑战的升级方案，体现为以下几点。

（1）在频谱资源方面，中兴 Pre5G 能够提升 5 倍的频谱效率。

（2）在室内覆盖方面，Pre5G 能够以单个站点解决高楼的室内覆盖，同时可以提高室内覆盖的速度并降低成本。

（3）在基站资源方面，Pre5G 通过单站大容量减少基站数、现有站点平滑升级和灵活布站等多种方式来解决。

（4）在 4G 存量网络方面，Pre5G 很多技术是在现有网络上的演进，并不需要大量的投资改造。

（5）在 4G 终端兼容方面，Pre5G 不用更改空口结构，可兼容所有 4G 终端。

Pre5G 具备 4 大核心技术，包括 Giga＋MBB（超千兆移动宽带）、Superior Experience（极致体验）、Massive IoT（海量物联）和 Cloudization（云化）。

首先，Giga+ MBB 是为解决高端热点地区的用户体验，如商务区、商业街等面临的挑战，可解决容量需求、覆盖面积需求及终端兼容等问题。

其次，Superior Experience 方案是 Pre5G 针对用户体验推出的技术改进方案，包括降低时延、增强的移动视频体验等。

再次，中兴通讯与中国移动合作率先完成了 NB-IoT 概念验证测试。NB-IoT 不仅具有覆盖、容量、成本、寿命方面的优势，还可以在当前无线网络基础上，通过升级与改造就可以快速开展业务，使运营商可以快速切入行业市场，打开商机。

最后，中兴通讯也致力于网络云化的建设。中兴将网络云化发展分为 4 个阶段：第一，NFV 阶段，进行软硬件虚拟化；第二，IaaS 阶段，实现资源的灵活调度；第三，PaaS 阶段，提高了网络开放能力，提供开放的创新平台；第四，XaaS 阶段，实现网络开放以及切片，为用户提供专有网络。

Pre5G 以诸多优势接近于 5G 的网络性能，能够帮助运营商提前实现面向 5G 的业务体验应用。

1.4.3　爱立信：推进 5G 研发进程

爱立信与全球运营商的合作不断加深，爱立信与 Verizon、T-Mobile、KDDI 等 20 多家运营商开展 5G 合作，并与伦敦大学、圣安娜高等学校共同研发 5G。在 5G 系统、智慧城市等方面的深入探索，不断推进 5G 的研发日程。

爱立信与中国联通加强在未来网络演进 5G 研发方面的不断合作。爱立信高级副总裁、首席技术官艾华信表示，在中国市场上，其将支持工信部、中国信息通信研究院的 5G 研发工作，支持用开放的方式共同建立 5G 标准。

爱立信为运营商研究 5G 原型，用于测试外场环境，为 5G 外场测试提供了强有力的保证；爱立信与 KDDI 合作，研究有关无线及核心网技术，有利于更好地对 5G 关键技术组件的性能和实用性等进行评价。

爱立信在不断与各行各业的融合。目前爱立信有 25 个 5G 试验项目正在开展中，分布于北美、欧洲以及亚洲的部分国家，推进 5G 与其他行业的融合。例如，在汽车行业爱立信就与吉利等车合作，不断推动汽车行业的 5G 发展，有助于研发汽车行业的发展。

1.4.4　诺基亚：加速布局 5G

诺基亚对于深化布局 5G，也采取了积极的努力。诺基亚进行了业务调整，

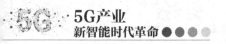

不仅收购了阿尔卡特-朗讯，积极发展 5G，在网络标准化的制定上取得进展；而且把地图系统出售给奔驰、奥迪等企业，致力于研发车载信息。

5G 商用可能还需一定的时间，而且这个标准还未形成，但是各个国家已经开始对关键技术的开发和部署。诺基亚深化布局 5G，对技术进行技术研发，这使得诺基亚在产业化形成中有很大的优势。

诺基亚与欧洲美国等地的国家的大学进行密切的协作，开展多个与 5G 相关的项目，建立 5G 实验室，有利于发展 5G，推动诺基亚的 5G 不断发展。

目前，诺基亚已经实现了全新的低时延的触觉互联网，支持随时随地操控远程设备，如无人驾驶汽车、工业机器人等，将广泛应用于通信、制造业和医疗等领域。

诺基亚还推出了 5G 大规模的宽带解决方案，为家庭提供更加快速的网络连接。扩展现有的网络连接，使得广大家庭可以用上更加快速的宽带，这项技术使得诺基亚朝着实现 5G 惠及家庭迈出了坚实的第一步。

第 **2** 章

5G 与物联网：加速实现万物互联

物联网是在互联网的基础上进行延伸和扩展的网络，实现了物与物之间的互联。随着物联网与大数据、云计算、人工智能等技术的融合发展，物联网的应用领域也在不断扩展，万物互联终会实现。

物联网的发展对网络技术提出了更高的要求，而高传输速率、低时延、大带宽的 5G 网络能够实现更多物联网设备的同时接入，也能够为物联网设备的运作提供高速率、低时延的稳定网络。5G 与物联网的结合无疑能够加速物联网的发展，推动万物互联成为现实。

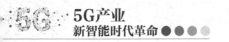

2.1 物联网：万物数字化的利器

随着科技的不断发展，万物都在向数字化方向转变，大数据与云计算的发展为物联网的发展提供了基础，而 5G 的融入则使物联网设备与云端计算更为智能。在此情况下，众多企业都纷纷布局物联网领域，研发物联网系统或平台。这些都促使物联网得到了爆发式发展。

2.1.1 物联网的内涵

1991 年，《科学美国人》杂志上发表了一篇名为《21 世纪的计算机》的文章，该文章的作者马克·瑟维开创性地提出了"泛在计算"的思想，他认为在未来，人们能够随时通过各种智能设备获取网络服务。1995 年，比尔·盖茨在他的书中写道，当袖珍个人计算机设备得到普及后，机场、剧院等需要人们排队验证身份的场景将不复存在。人们在走进机场大门时，其携带的计算机设备能够与机场的计算机相连，机场的计算机也能够因此验证人们的身份及票据信息。而如果有人不小心弄丢了他的照相机，照相机也能够向其发送信息并报告自己所在的位置。

马克·瑟维提出的设想是人与物的连接，而比尔·盖茨提出的设想是物与物的连接，这两种设想都与物联网的中心思想高度一致。然而受困于当时无线网络的发展水平，这样的设想在当年是难以实现的。

1999 年，移动计算和网络国际会议在美国召开，在会议中，来自麻省理工学院自动识别中心的凯文·阿什顿教授首次提出了"物联网"的概念，他也因此被称为"物联网之父"。

关于物联网的基本定义，国际电信联盟发布的《ITU 互联网报告 2005：物联网》给出了明确解答：物联网是通过智能传感器、射频识别设备、卫星定位系统等信息传感设备，按照约定的协议，把任何物品与互联网连接起来，进行信息交换和通信，以实现智能化识别、定位、跟踪、监控和管理的一种网络。

物联网在建设过程中有三个关键点，这三个关键点的变化影响着物联网的发展速度。

1. 设备智能化

想要实现物与物的连接，首先要实现的是物与网络的连接，这就对设备智能化提出了要求。当前，在工业生产、智能家居等方面，一些智能设备已被研发出来；未来，在 5G 网络的支持下，这些智能设备的智能化程度将会大大提高。

2. 数据的接收发送

判断设备是否智能化的要素之一就是判断该设备能否成功接收到指令并按照指令进行各种操作。物联网中连接了大量的智能设备，设备间数据收集、数据传输的准确性和效率影响着物联网运作的智能性。

3. 云端服务

物联网工作的中心环节就是将数据传输给云端网络进行处理，再由云端网络发送指令。因此云端服务能力对于物联网而言是十分重要的。如何让物联网通过对数据的分析将信息转化为指令，并能够正确执行，是物联网最重要的研究点。

物联网的搭建让物与物之间产生了连接，形成了更加自主的信息交换模式。当前，物联网已经被成功应用在交通管理、仓储物流、电力能源、健康医疗等多个领域，也使人们的生活更加便利。

2.1.2 物联网迎来爆发式发展

到 2020 年，经过前期的发展积累，物联网的发展已经迎来诸多新的机遇，很有可能就此开启爆发式发展的大门，其发展机遇表现在以下几个方面，如图 2-1 所示。

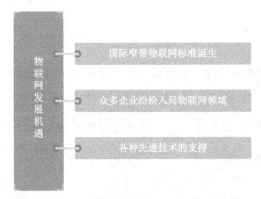

图 2-1 物联网迎来爆发式发展的机遇

1. 国际窄带物联网标准诞生

物联网曾经发展困难，主要原因是 60%以上的低速率传感器应用匹配不到合适的传输手段。因为传输距离短、覆盖窄，使用光纤与移动通信成本高，但是Wi-Fi、蓝牙连接又不可靠，所以物联网的发展一直面临着严峻挑战。而随着窄带物联网标准 NB-IoT 的诞生，物联网获得了新的发展机会。

窄带物联网的特点有 4 个：一是覆盖广，覆盖能力是当前移动通信网络的100 多倍，穿透力可达到地下车库；二是连接数量大，支持的终端数量是传统移动通信网络的 50～100 倍；三是功耗低，一个电池就能支持一个物联网模块工作长达 10 年；四是成本低，1 美元是芯片成本的最终目标。

2. 众多企业纷纷入局物联网领域

如今，很多企业都进入了物联网领域，纷纷开展物联网业务。在国内，华为、联想、中兴等企业及三大运营商等都将建设智慧城市作为主要的战略发展方向，而智慧城市是以物联网为基础的。在国外，谷歌耗费 32 亿美元收购了一家烟雾传感器企业，宣布正式进军物联网领域。在这些企业的带领下，未来将会有越来越多的企业进入物联网领域，物联网也将在众多企业的发力下获得快速发展。

3. 各种先进技术的支持

此前，大数据、云计算、人工智能等技术在物联网中已有所应用。大数据为物联网的数据收集提供了技术支持，云计算加强了物联网的数据分析和数据处理能力，而人工智能则提升了物联网设备的智能性。

此外，当前正在逐步建设中的 5G 网络更能加速物联网的发展。5G 能够为物联网提供高速率、低时延、大带宽的优质网络服务，这对扩展物联网应用，促进物联网和移动互联网深度融合有着重要的意义。

把握好以上三方面的发展机遇，物联网的爆发式发展将成为可能。

如今，物联网的颠覆性变革和全面性渗透，给生产和生活带来了广泛而深刻的影响。物联网为经济发展植入了新基因，也为社会治理提供了新手段。它给衣、食、住、行乃至教育、医疗带来极大便利，也给生产制造、营销服务、商业模式带来了颠覆性创新。

2.2　5G 如何为物联网赋能

物联网运行的基础是大数据的运算与人工智能的结合，因此良好的通信网络是物联网运行时必不可少的要素。5G 网络的高速率、低时延特性能够有效保证

物联网在进行连接时不会出现由于网络卡顿而连接失败的情况，也能够保证人工智能设备的响应更加及时。同时，5G网络的大带宽特性也能够同时容纳更多的数据，使物联网的计算更加精准，从而大幅度提升用户的使用体验。

2.2.1 将数据与实际领域相连

物联网技术很早就被提出，但是由于科技发展的限制，无法实现庞大的数据的连接、集合、传输、处理，因此物联网一直未能发挥其真正实力。而5G的出现，能够打破信息传输的阻碍，解决传输速率低、数据连接集合差等问题，充分发挥出物联网的优势。5G的突破性创新不仅使通信更加流畅，而且还将全球信息产业的发展推上高峰，推动了物联网更广范围的落地应用。

物联网的目标不仅是数据的传输与连接，而且还是将数据与技术融入其他行业。在5G的支持下，物联网能够在更多的领域落地应用。将庞大数据与实际行业连接，建立行业发展新模式，主要表现在以下几个领域。

1. 交通领域

5G进入交通领域能够助力智慧交通的建设。大量路况数据能够更快地被上传并发送回终端，使终端的路况判断与预测功能更加及时、准确，车辆能够选择更好的路线行驶，避免事故的发生或者交通的拥堵，实现了疏导交通的目的。

5G在无人驾驶领域的应用也为该领域带来了新的进展，有了5G的高速率、低时延网络的支持，车载的人工智能设备能够更加迅速准确地分析路况，从而在驾驶汽车时做出准确的行进判断。无人驾驶系统还能够以大数据为基础对路况做出预判，在选择行进路线时避免选择正在施工或十分拥堵的路线，能够更好地保障乘客的安全性、行驶的时效性。

2. 医疗领域

5G 在进入医疗领域后，能够助力远程医疗的实现。5G 的大带宽特性使其能够容纳更多的图像数据信息，因此能够使患者数据被全方位、准确地展示出来，使医护工作者的工作效率得到提高，患者救治率也将上升。

借助 5G 与物联网技术，医生可以对远在千里之外的患者进行疾病诊断，甚至进行手术。精准的传感技术可以使医生具有现场般的操作感受，既保障了医生对手术判断的精准性，也保障了手术进行过程的有效性。

3. 工业领域

工业领域的工作内容不仅复杂而且安全性低。很多时候工作人员冒着生命危险进行作业，5G 与物联网的结合可以解决这一问题。

运用 5G 网络，工作人员可以实时监控各个地方的情况。对相对危险的作业现场，工作人员不再需要现场作业，而是运用智能机器进行业务操作。智能机器系统中拥有大量的数据信息，可以为智能机器的操作提供依据，保障作业的准确实施。这种操作不但保障了工作人员的安全，也降低了人力成本，实现了工业领域操作的智能性。

综上所述，5G 不但能够解决物联网模式下庞大数据连接集合的问题，而且支持数据的高速传输，保障了数据使用的时效性。5G 推动了物联网的落地应用，为各个领域的发展变革提供技术支持，使交通、医疗、工业等领域转型升级，从而推动了自身工作能力的提高，使其更好地服务于社会。

由于 5G 目前尚处于发展阶段，因此物联网中的各领域应用还未能完全与 5G 产生连接。物联网的新发展模式还不够完善，应用领域并不多。但是随着技术的不断普及，各个领域的融合应用，会为更多行业带来新的生机。

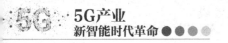

2.2.2　整合网络资源，降低响应延迟

物联网在发展时遭遇的一大阻碍即部分智能设备的响应延迟较高，无法实现真正的实时连接，因此在智能程度的表现上大打折扣。解决设备的响应延迟问题是物联网发展过程中必须攻克的难关。而 5G 的高速率、低时延特性能够帮助物联网解决运行中的相应延迟问题。

5G 自产生之初就得到了全球性的关注，许多组织、机构或企业投入资金进行新技术的研发。其中，国际电信联盟由于研发起步较早，已经完成了 5G 的愿景规划。规划中包括项目的命名、整体项目的时限与目标。

美国高通公司副总裁曾表示，高通从很早就开始进行了 5G 的研发与测试，并加强了与其他企业关于 5G 的合作。高通公司希望运用 5G 打造一个强大的平台，实现与其他领域的连接，为用户提供更好的服务。

高通公司的展望也是许多企业的愿景，但是现有技术无法实现这种平台的建立，主要原因在于网络资源有限，响应延迟频率高、时间久。而 5G 的应用可以为建立万物互联的平台提供强大的技术支持，它具有较大的带宽、较低的时延、丰富的频谱资源等特性，是实现万物连接的关键所在。

1. 5G 具有低时延特性

长期以来，科技领域不断对工业领域进行技术支持与发展预测，5G 的逐渐普及将迫使工业领域进行重大改革。未来，5G 会被用户广泛地使用，它的使用基数已经不能以个人来计算了，家庭生活、房屋、汽车、工作、学习、城市发展等对其都有需求。

面对如此广泛的需求，便需要更高的服务能力来保障需求的实现。5G 具有的低时延特性满足了各个领域对新技术的使用需求，使用户得到良好的使用体验，无须长时间等待设备的响应。

中国产业研究院发布的《2020—2025 年中国云计算行业市场前瞻与未来投资战略分析报告》显示，2020 年将有 250 亿到 500 亿部机器搭载 5G 网络技术进行物联网的落地应用，2030 年将实现智慧化产业的优秀转型。未来，它们的主要驱动力可能会是传感器、云端计算、移动互联网等。而企业也会转变对工业的原有观念，树立新的工业理念。5G 的低时延特性促进了物联网模式的发展，改善了原有产业的响应延迟高的问题，更好地展现了物联网模式的价值。

2. 5G 实现万物联网

在新时代，5G 将引领科技，运用科技，创建物联网架构。人与物之间的通信会在科学技术的影响下，打破时间和空间的限制。从高容量的数据服务拓展至控制稳定的新型服务模式。从原有的终端与终端相互连接拓展到智慧型连接及互动。

5G 将会建设一个强大的平台，实现数据运算、信息储存、连接各类资源等。这个平台具有投入成本低、能源消耗少、传输速率高、响应延迟时间低等特点，使各个领域的改革均可受益，并且不断发展与创新。

在万物联网的模式之下，各企业间实现了信息资源共享、生产资源合理配置，各行业之间相互协调，共同发展。用户也可以运用万物联网，在全球范围内找到自己需要的物品，不存在空间的局限性。由此可见，5G 网络技术是促进物联网发展、实现物联网价值必不可少的科学技术。

综上所述，5G 融入物联网解决了各类响应机制带来的延迟问题，用户不再需要花费时间进行等待，这使得大量用户可以通过新技术对物联网进行落地应用。这一特性不仅提高了用户学习工作的效率，而且还丰富了用户的生活。

5G 不但解决了物联网实现时遇到的阻碍问题，而且利用其大带宽、丰富的频谱资源、高效的传输速率等显著的优势推动着物联网的发展。5G 的使用不仅降低了成本的投入，减少了能源的消耗，而且增加了各企业的收益，也让更多的用户享受到万物互联带来的便利。

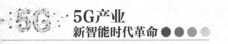
现在 5G 已经融入很多领域，并且还在不断研发。在 5G 全面普及之后，用户将通过各领域的新技术转型应用来体验智能生活。如无人机配送、无人驾驶汽车、智能型机器人作业等。

各种智能设备将在 5G 网络的支持下被连接起来，进行资源整合，让人们能够更加迅速地获取自己需要的内容。同时，资源整合有助于降低物联网的运行成本，提高物联网的运行速率，更能够帮助物联网解决响应延迟这一重要问题。

2.2.3　消除物联网的架构瓶颈

当物联网在人们的生活中真正普及后，人们在下班进入家门时就能发现家中的咖啡机正在煮咖啡，而扫地机器人已经完成了家庭清洁工作，这将为人们提供更好的居家生活体验。这就是物联网架构的最终形态，人们的生活能够在物联网的支持下获得最大的便利。

然而，物联网还没有得到真正的普及，最主要的原因就是物联网还没有实现设备之间、设备与用户之间的互动模式。现在的物联网技术发展还不完善，也无法解决这些问题。而且，传统的物联网生态体系过于依赖中心化的代理通信模式或服务器模式，这也是当前物联网的弊端之一。

在新型物联网生态体系中，所有设备都通过云服务器验证连接到一起，云服务器需要具有非常强大的运行能力和存储能力。但是，目前云服务器还不具备这样的能力，除此之外，物联网维护的费用也比较高。

如果将 5G 应用到物联网中，就能够有效解决这些难题。随着物联网的进一步应用，需要管理和维护的物联网设备也会越来越多，这样一来，无论是生产商、运营商还是终端用户，都需面临这方面的成本压力。从目前的情况来看，大部分物联网应用采用的都是中心化的体系结构，也就是由单一的中心控制系统来存储和管理所有的数据流。

在云计算技术不断普及的影响下，物联网运营商已经可以利用云端的服务器集群来存储和交换物联网智能设备产生的所有数据。不过，由于连接设备数量较之前已经有了大幅度增加，相关服务的成本也会随之提高，有些甚至会达到无法负担的程度。

5G 为物联网提供了点对点的数据传输方式，这样一来，在进行数据同步和管理控制时，整个物联网解决方案就不再需要大型数据中心的帮助。除此以外，物联网还可以利用 5G 网络来传输某些重要数据，如数据采集、软件更新等。

这种技术不但实现了万物联网的模式，为物联网提供了技术支持，还降低了资源的消耗与资本的投入，真正适合新时代的发展要求。5G 可以有效解决物联网架构的瓶颈问题，具体表现在以下 3 个方面，如图 2-2 所示。

图 2-2　5G 解决物联网架构问题的具体表现

1. 数据加密保护与验证

目前，已经成功的物联网应用虽然有很多，但现有技术还没有办法真正实现万物互联。另外，在同一个系统中，设备与设备之间虽然可以实现互联，也可以借助互联网对数据进行传输，但是现在的大部分物联网架构都是封闭式的。这就在一定程度上表示，如果是不同系统中的设备，那么它们之间就很难实现具有真正价值的互联互通。

发生这种现象的根本原因是不同信任域下的物联网节点会有诸多互联限制。如果通过其他运营商的智能节点对物联网传感节点来传输数据，那么这些数据很可能会丢失或者被非法篡改，从而导致系统可靠性大幅度下降。而借助 5G 网络及数据加密技术，则可以有效解决其中的信任问题。

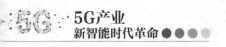
2. 数据传输与存储

大数据是构建物联网的基础，大量数据的堆叠与运算能够使物联网更加智能。因此，数据的传输与存储对物联网而言是十分重要的，5G 的出现为这一问题提出了解决方案。5G 网络的高速率特性能够使数据传输的速率加快，而大带宽的特性也能够使物联网在云端中存储更多的数据。

同时，随着 5G 的逐渐普及，对各项智能终端的开发也将愈加熟练，在 5G 时代，智能终端的存储量将会进一步扩大。物联网数据传输与存储所需的硬件设备与软件设备都将进一步完善，从而解决这部分瓶颈问题。

3. 便捷可靠的费用结算

当前，如果各物联网运营商想实现资源共享，除需要制定一个合作协议外，还要在顶层将双方结算的系统设计好。在万物互联趋势不断加强的影响下，这种两两互联的方式开始需要越来越多的成本，为其实现增加了难度。而借助 5G，不同运营商的物联网设备就可以对数据进行直接传输，不仅如此，运营商还可以通过交易的方式对数据传输进行收费。

由此可见，5G 的融入为万物联网提供了技术支持，保障了数据的安全性、数据传输的时效性，消除了物联网架构中的瓶颈。5G 的加入将会使物联网的应用更加普及。

2.2.4　塑造全新的去中心化模式

现有的物联网体系是依靠中心化模式进行通信的，它是运用云服务器进行连接验证的，这个服务器运用其强大的运行能力与存储能力保障众多设备的正常使用，而这一切是建立在互联网的基础之上的。

中心化模式的物联网体系虽然能够满足小规模物联网的运行需求，但是随着用户需求的不断增多，物联网生态体系逐渐完善，中心化模式终将退出物联网的舞台。同时，物联网在以中心化模式运行时所需要的运行成本非常高昂，而单一的连接模式也使中心化模式运行的物联网需要定期维护。因此，想要在中心化模式下进行自由的通信连接和验证是非常困难的。

5G 能够帮助物联网塑造去中心化模式，实现物联网的可塑性。去中心化模式是能够替代中心化模式的物联网运行的新模式。在中心化模式中，中心决定着节点，但去中心化并非去除中心，而是由节点来创造中心。在去中心化模式中，任何点都可以成为中心或者节点，任何中心或者节点都是阶段性的，他们之间没有强制性关系，也不存在永恒。去中心化模式将改变原有的单一连接验证模式，使各个节点之间相互组合，自由创造中心，便于自由通信。

例如，传统的消费模式是由商家决定市场，商家出售什么产品，消费者就购买什么产品；但随着时代的发展，消费者逐渐成为市场风向的主导者，商家在生产产品前会优先考虑消费者的需求，这是去中心化的一种表现。

去中心化模式下的物联网将采用点对点的标准模式实现通信，在减少置办与维护中心化设备、系统的基础上，处理大量的交易信息，并将信息上传到物联网系统中，保障各个节点的正常运行，防止出现节点漏洞或者系统崩溃等问题。

但是建立这种点对点的通信模式将是一种挑战，其中最大的挑战就是数据的安全问题，而 5G 能够帮助物联网塑造去中心化运作模式。5G 的运用不仅为物联网数据安全与隐私安全提供了保障，而且还为物联网提供了交易验证功能，防止网络诈骗等问题的发生。

原有的中心化模式虽然支持互联网的发展长达数十年，也能维持小型物联网模式的运行。但这种模式已经不能满足未来科技发展的需要及用户的需求，由此产生了去中心化模式。去中心化模式利用节点，自由寻找中心，能够提供更优质的服务。5G 能够为物联网的发展提供技术上的支持，助力物联网实现点对点的通信，让数据传输更加高效且安全，从而降低物联网的使用成本。

5G 与物联网的结合目前还处于探索阶段，但是随着 5G 的逐步普及，物联网会得到巨大的发展，人们的工作与生活模式也将发生巨大转变。使用 5G 能够

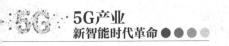

帮助物联网塑造全新的去中心化运行模式,而去中心化的运行模式也将使物联网变得更加智能,从而得到普及。

2.3　5G+物联网实战案例

5G与物联网的结合能够有效推动物联网的发展,从而实现万物互联。在5G网络的支持下,物联网产业的智能性得到了进一步的提高,5G以其高速的传输速率,以及大带宽、低时延等特性保证了物联网技术的实现。

很多企业在5G与物联网融合发展的趋势中看到了商机,它们采用5G与物联网结合的模式创建了企业的物联网平台。如通用电气的Predix云平台、诺基亚的IMPACT管理平台、三星的SmartThings智能平台等,这些物联网平台的成功创建不仅使新技术更好地服务于社会,而且证明了5G与物联网相结合的发展价值。

2.3.1　通用电气:推出云平台Predix

通用电气公司是全世界最大的多元化服务性公司,该公司生产的产品涉足领域较为广泛,如制造业、医疗业、金融业等,均有通用电气公司的身影。通用电气公司致力于发明、创新,对各产业均有涉及,而物联网产业中自然也少不了通用电气公司的身影。

云平台Predix是伴随着通用电气公司的数字化转型而诞生的,在开始阶段,Predix曾是通用电气公司内部的APM(应用性能管理)平台,后期成为通用电气发展物联网的重要核心要素,转变为工业领域的物联网平台。

Predix平台的核心价值是连接各种类型的工业设备与供应商的信息数据,统筹兼顾各类工业系统,实现工业互联网的应用。例如,Predix平台可以提供设备的连接与管理，数据的收集、分析与存储，应用的开发与服务等功能。

Predix 平台是以云计算、运营商网络连接为基础的 PaaS（平台即服务）层平台，为各个行业或者企业提供端到端的连接服务，实时监控维护设备与资产，保障其安全运行。它可以对大数据进行收集与分析，可以根据用户需求开发软件，提供满足个性化的定制服务。Predix 的软件开发和布署如图 2-3 所示。

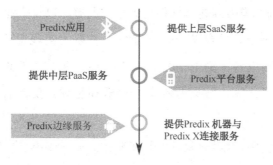

图 2-3 Predix 的软件开发和部署

1. Predix 应用

Predix 应用提供上层 SaaS（软件即服务）服务，主要包括工业领域的绩效管理、优化运营模式、工业数据收集与分析的标准化。这一层是通用电气公司内部软件的应用，根据其"三步走"战略，向外部扩散。

2. Predix 平台服务

Predix 服务是提供中层 PaaS 服务，它是在 Cloud Foundry 的基础上建立的平台，而 Cloud Foundry 在开始阶段是开源软件的原始框架。PaaS 服务可以提供应用功能，其中包括资产服务、数据收集与分析、数据信息安全、安全管理、设备的运营与维护、边缘服务等，其应用的功能范围还在不断扩大。

3. Predix 边缘服务

Predix 边缘服务包括边缘设备接入服务、管理服务、应用服务。Predix 的边

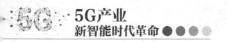
缘服务通过互联网、运营商设备连接与网络、云计算服务等方式连接边缘节点。Predix 提供 Predix 机器与 Predix X 连接两类服务。

Predix 机器可以嵌入式部署在设备上，如传感器、工业设备、控制器等。它支持各种网络的连接与使用，也支持边缘部署，可以保障边缘设备直接在数据流上进行运算。Predix 平台连接在 Predix 机器上，建立了全球性的虚拟网络，保障了云端和设备之间的有效连接、软件与系统的部署，以及企业的正常运营。

综上所述，Predix 平台是一个云平台，主要为实现工业互联网而存在。它的目的是将机器设备、数据信息、工作人员、各类资产进行有效连接。这个平台拥有分布式计算，数据的收集、分析和管理，资产管理，机器之间的实时通信等技术。

工业数据的连接往往具有复杂性和多样性，而 Predix 平台为数据的连接提供了一个重要的网关框架。因此 Predix 平台的出现能够为物联网工业提供一个重要出口，使工业物联网的运行更加顺畅。

2.3.2 诺基亚：与上海贝尔集团达成合作

在 2016 年世界移动通信大会上，诺基亚与上海贝尔集团联合推出了 IMPACT 管理平台。它是利用 5G 搭建的物联网平台，主要对所有连接设备进行管理，为各个企业、运营商及政府机构提供物联网模式下的安全应用服务。IMPACT 管理平台的建立，意味着诺基亚与上海贝尔集团已经具备足够的能力进行物联网领域的设备管理与价值创造。

IMPACT 管理平台具有四大优势，如图 2-4 所示。

（1）可扩展性。

云计算作为 IMPACT 管理平台的基础性技术，能够满足用户对服务器的容量需求，连接更多的终端设备。同时也能够提高系统运行的流畅性，防止系统因为接入设备过多而出现卡顿等情况。

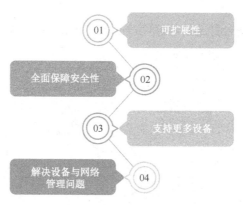

图 2-4 IMPACT 管理平台的四大优势

（2）全面保障安全性。

在对网络信息和用户隐私信息的保护方面，IMPACT 管理平台运用的 LWM2M 物联网协议能够保障物联网的安全性，使用户在使用该平台时更加安全。

（3）支持更多设备。

IMPACT 管理平台运用了 Motive CDP 技术，能够支持 8 万多种类型的连接设备的正常使用，能够对各企业新研发出来的设备类型进行检测，并不断改善自身以便与设备相适应。而且，IMPACT 管理平台的 MotiveSmart 技术还能够对连接设备与服务器进行认证，保障设备的正常运行。

（4）解决设备与网络管理问题。

用户在使用物联网平台时或许会遇到一些设备与网络管理方面的突发性问题，而 IMPACT 管理平台能够自动检测出问题根源并解决，使用户能够更加顺畅地使用物联网平台。

由此可见，IMPACT 管理平台在设备与网络管理、用户隐私与使用安全方面具有强大的优势。这些优势是极为重要的，它可以支持平台在收集数据信息时更加精准地进行判断。对于用户而言，其信息数据隐私是十分重要的，需要进行保护。

IMPACT 管理平台打造的物联网产品具有较快的拓展能力,每项物联网产品均由 4 个模块组成,如图 2-5 所示。

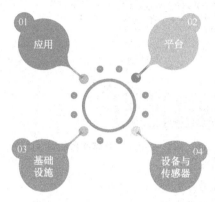

图 2-5　IMPACT 管理平台打造物联网产品的 4 个组成模块

（1）应用。

IMPACT 管理平台在 5G 的支持下能够覆盖更多物联网的落地应用领域,如远程医疗、车联网等。在 IMPACT 管理平台的支持下,物联网的运行会更加高效。

（2）平台。

IMPACT 管理平台独有的 Motive 连接设备管理平台能够对连接设备与网络进行数据收集与分析,从而达到管理的目的。同时 Motive 连接设备管理平台也是支持 IMPACT 管理平台正常运行的一种保障。

（3）基础设施。

完善的基础设施建设能够保证物联网在运行的过程中更加平稳,减少各式问题的出现。而 IMPACT 管理平台拥有完善的网络基础设施,用户在用时能够完成各种设备的组合匹配。

（4）设备与传感器。

IMPACT 管理平台拥有性能优越的设备与传感器,其发布了家庭网关类设备。未来,诺基亚将推出物联网社区,支持用户对物联网进行研发、分析测试并助力商业模式的实现，同时将投入 3.5 亿美元进行物联网社区的建设。由此可见，诺基亚与上海贝尔集团已经充分做好了拓展物联网模式的准备。

诺基亚与上海贝尔集团共同建立的 IMPACT 管理平台将能够迅速融入 5G 物联网的运行，同时以其安全、高效的运行方式保证用户在使用平台时的信息安全。而其具有的 Motive 连接设备管理平台能够对内部数据进行收集、分析、研究，从而确保平台系统的正常运行。

现在，IMPACT 管理平台已被广泛应用并得到了用户的认可。未来，物联网社区的成功构建将是在 IMPACT 管理平台基础上的又一次重大突破，物联网社区将以集群的形式更好地服务于社会与用户。

2.3.3　三星：进军智能家居市场

随着消费者对智能家居需求的不断上升，越来越多的科技企业都在此方面投入了研究，而三星作为老牌科技企业自然也不甘落后。SmartThings 是三星集团基于人工智能技术构建的一个独具特色的智能系统平台，它为智能家居产品的使用提供了有力的技术支持。

三星的 SmartThings 智能平台将采用统一的应用与控制中心，使各类智能家居设备可以更便捷地运行。其控制中心可以更好地支持智能家居设备的运行，语音助手的加入也让其使用起来更加方便。

1. 外观设计

SmartThings 智能平台以 Hub 为控制中心，Hub 是支持多端口运行的转发器。即使在停电时，Hub 依旧可以借助 AA 电池正常运行，保障设备运行的安全与自动化。

除 Hub 以外，SmartThings 智能平台还支持其他工具设备的使用，如 Zegbee 设备，这是一种低速率、低成本、短距离的无线网络传输设备；Outlet 插座，主

要是指插电线的电源插座；各类传感器，包括运动传感器、门窗传感器、温度传感器等。

2. 设备支持

SmartThings 智能平台可以连接不同企业的产品，不仅支持官方产品，其他类型的产品也能很好的运行，实现了双向沟通、信息畅通。它的内部设计有两个 USB 接口，可以更好地与智能家居产品对接。

只要通过 IFTTT 协议，SmartThings Hub 就能支持更多的设备。IFTTT 网站可以帮助用户使用开放的 APL（一种计算机语言），SmartThings Hub 可以通过云端连接的方式经过 IFTTT 网站快速发出操作指令，这对于设备的快速响应是非常有价值的。

3. 各种控制

通过 SmartThings Hub 控制的操作，同样可以在 iOS 或 Android 用户端进行。用户可以在用户端手动控制智能设备的开启和关闭，操作十分简单，还可以提前设置智能家居的自动运行，保证其在用户下班回家之前准备好一切。

SmartThings 智能平台是为智能家居服务的大型平台，可以实现智能家居程序的合理运行及模式的正常切换，并且能够时刻监视智能家居的运行。SmartThings 智能平台兼容类型众多、自动化模式显著、转发器外形简单且使用方便，是市场上比较灵活的智能家居控制平台。

第 **3** 章

5G 与人工智能：释放时代的
新机遇

人工智能是一门延展人类智能的科学技术，自诞生以来，其理论与技术日趋成熟，应用领域也在逐渐扩展。5G 的出现为人工智能的研发提供了新的动力，在 5G 的支持下，人工智能的数据处理速度大大提升，将给用户带来更流畅的使用体验。同时，人工智能也能够对网络系统进行监控与管理，实现网络系统的自治，提高用户在使用网络时的安全性。

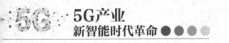
3.1　人工智能：一种现代的方法

想要了解人工智能是如何应用到各个领域并影响人们生活的，就要了解人工智能是什么。作为一项帮助人类扩展认知边界的科学技术，人工智能的运行是十分复杂的。虽然当前的人工智能还存在很大的发展空间，但是随着大数据、物联网、5G 等技术的逐渐成熟及应用，人工智能将得到进一步的发展，从弱人工智能进化为强人工智能，最终达到超人工智能的形态。

3.1.1　人工智能究竟是什么

什么是人工智能？早期的人工智能是计算机学科的一个分支，应用于机器人、语言识别、图像识别等领域。随着人工智能研究行业的不断扩展，自然科学、逻辑学、生物学、数学、心理学、仿生学等都与人工智能学科形成了交叉，这使得人们对人工智能的研究越来越复杂。

科研人员开展人工智能研究的目的是让人工智能代替人们做更多的事情，使人们的生活变得更加便捷。人工智能的智慧算法也是基于人脑被设计出来的逻辑性算法。人工智能在计算时能够依照已经被编写好的程序进行计算，因此具备超越人脑的计算能力。

以人工智能机器人 AlphaGo（阿尔法围棋）为例，其主创团队在对其进行设计时应用了神经网络、深度学习、蒙特卡洛树搜索等技术，使 AlphaGo 在进行围棋对战时能够运用程序进行快速计算，通过对围棋所有对战数据的整合确定落子位置。在精密算法的运行下，AlphaGo 在与九段围棋选手柯洁的对战中，以 3:0 的成绩获得了胜利。

AlphaGo 的"双大脑"为比赛增加了胜算。"落子选择器"是其第一大脑，能够观察对局形势并确定最佳落子位置；"棋局评估器"是其第二大脑，能够对整体棋局进行把控，辅助"落子选择器"进行选择，增加其获胜的概率。

当前，人们对人工智能的研发正在不断向前推进，在 5G 的支持下，大数据技术的数据收集能力不断提高、云计算的数据分析能力也更加精准，同时 5G 能够为人工智能提供高速率、低时延的网络，这些都将极大地提升人工智能的智能性。同时，在不同算法的支持下，更多具有其他功能甚至具有综合能力的智能机器人将会被研发出来。

3.1.2　人工智能的 3 种形态

人工智能有 3 种形态：弱人工智能、强人工智能、超人工智能。目前，科研人员在弱人工智能方面的研究已经取得了突破性进展，但对人工智能的研究仍存在着极大的发展空间。

1. 弱人工智能

弱人工智能只能进行某一项特定的工作，因此弱人工智能也被称为应用人工智能。弱人工智能没有自主意识，也不具备逻辑推理能力，只能够根据预设好的程序完成任务。例如，苹果公司研发的 Siri 就是弱人工智能的代表，只能通过预设程序完成有限的操作，并不具备任何自我意识。

2. 强人工智能

从理论上来说，强人工智能指的是有自主意识、能够独立思考的近似人类的人工智能，其主要具有以下几种能力。

（1）独立思考能力，能够解决预设程序之外的突发问题。

（2）学习能力，能够进行自主学习和智慧进化。

（3）自主意识能力，对事物能够做出主观判断。

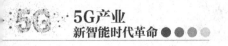

（4）逻辑思考和交流能力，能够与人类进行正常交流。

强人工智能的研发将会是科研人员的长久课题，而强人工智能对人们生活的影响也会更加深刻。

3. 超人工智能

超人工智能在各方面的表现都将远超强人工智能。超人工智能具有复合能力，在语言、运动、知觉、社交及创造力方面都会有出色的表现。

超人工智能是在人类智慧的基础上进行升级进化的超级智能，相比强人工智能，超人工智能不仅拥有自主意识和逻辑思考的能力，而且能够在学习中不断提升自身智能水平。

目前，对人工智能的研究还处于弱人工智能向强人工智能的过渡阶段。而在强人工智能的研究中，科研人员面临着诸多挑战。一方面强人工智能的智慧模拟无法具有人类大脑的精密性和复杂性；另一方面，强人工智能的自主意识研究也是亟须攻克的难题。

虽然从弱人工智能向强人工智能的转化还有很长的路要走，但是可以预见的是，人工智能今后将向云端人工智能、情感人工智能和深度学习人工智能几个方向发展。

云计算和人工智能的结合可以将大量的人工智能运算成本转入云平台，能有效降低人工智能的运行成本，也能让更多的人享受到人工智能技术带来的便利。情感人工智能可通过对人类表情、语气和情感变化的模拟，更好地对人类情感进行认识、理解和引导，有望在未来成为人类的虚拟助手。深度学习是人工智能发展的重要趋势，具有深度学习能力的人工智能能够通过学习实现自我提升。

未来，人工智能的不断进化将会对人们的生活产生深刻的影响，弱人工智能已经足够辅助人们进行一些工程作业，强人工智能及超人工智能的应用一定能够改变人们的生活。而想要使人工智能得到进一步发展，就要突破人工智能研究上的瓶颈，用新技术推动人工智能技术的进步。

3.2 人工智能与 5G 相互促进

在 5G 网络的促进下，人工智能将实现快速发展。网络切片和分布式核心网络技术的应用能够助力"私人定制网络"的打造，满足用户个性化的网络需求。因此，5G 的出现能够促进人工智能的发展，而人工智能的发展也将帮助 5G 将应用落到实处。未来各种智能设备的正确运行都需要依托人工智能，因此 5G 与人工智能将会相互促进，协同发展。

3.2.1 人工智能解决 5G 的复杂性问题

5G 网络的普及将会对人们生活的方方面面产生影响，而在 5G 普及的过程中还存在着各种各样的问题，这说明了 5G 的应用存在复杂性的问题。

5G 能够助力物联网实现万物互联，然而其海量数据需要进行多次筛选与分析。即在对数据进行筛选后，想要使大数据真正发挥作用，还需要对数据进行多次计算找出规律。同时，在构建 5G 网络时多种技术的叠加使用使其网络系统更加复杂、抽象，想要保证 5G 网络的自动化运行，就需要利用人工智能对其进行逻辑整理和规划。

随着通信网络的不断发展，其基站的数据参数也在不断增加。2G 时代的基站参数约为 500 个；3G 时代的基站参数约为 1500 个；到了 4G 时代，基站参数则增加到了 3500 个；而在 5G 时代，基站参数势必会再次成倍增加。

5G 时代将会是新智能时代的开端，在 5G 的支持下，各项智能产业都将迎来全面的发展，而新兴技术与传统技术的更替与融合也会使 5G 网络的发展更加复杂。想要解决 5G 网络的复杂性问题，就需要人工智能的帮助。人工智能对数据的处理速度能够有效满足辅助 5G 使用的需求，从而解决更多问题。人工智能从 3 个方面解决 5G 复杂性问题，如图 3-1 所示。

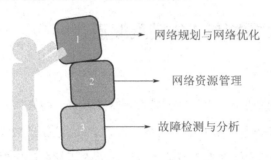

图 3-1　人工智能从 3 个方面解决 5G 复杂性问题

1. 网络规划与网络优化

人工智能能够基于历史数据对用户网络流量的使用进行预测，从而对用户的网络进行优化，保障用户网络的流畅性。同时，人工智能还能够定时进行网络自检，及时排除网络隐患，保证用户能够正常使用网络。

在进行网络优化的过程中，人工智能能够进行智能建模，在庞大的信息数据基础上，对网络运行现状加以分析，打造出能够合理表述网络运行状况的智慧模型。在建立模型之后，人工智能还将结合经验知识和实际数据对该模型进行优化，以保障网络能够达到最优状态。

2. 网络资源管理

在对网络资源的管理方面，人工智能能够起到多种作用。如保障数据的安全性、管理网络切片资源、保障 5G 网络节点的连接等。人工智能对 MEC（Mobile Edge Computing，移动边缘计算）的部署，使 5G 网络的优势特性得以发挥。

3. 故障检测与分析

人工智能能够进行网络的故障检测与分析，当网络出现故障时，人工智能能够对故障原因进行分析并迅速解决。同时，在一些风险情况下，人工智能也会进行自检，全面保障网络安全。

5G 网络具有高度的复杂性，这也反映了 5G 网络在使用时存在风险，而人工智能与 5G 网络的结合能够解决 5G 网络的复杂性问题，规避其风险。

3.2.2　人工智能让网络自治

随着 5G 网络的普及，未来的网络状况将会更加复杂，网络资源的分配也会成为一大难点。利用人工智能作为协助，能够帮助运营商更加直观地对网络数据进行分析。同时，人工智能也正在不断学习中进化，而今人工智能已经能够在对各式数据进行分析的基础上对更深层次领域做出探寻。

尽管未来的网络状况会更加复杂，但人工智能强大的逻辑分析能力将会帮助运营商完成对 5G 网络的部署，同时也能够帮助企业完成 5G 实际应用的落地。

人工智能强大的运算能力使其对复杂数据的处理与分析更加迅速，其逻辑算法能够从各个层面实现 5G 网络的自治，其表现如图 3-2 所示。

图 3-2　人工智能实现网络自治的表现

1.　网元层面

在网元层面，企业通过引进人工智能系统，可以提高资源调度的智能化水平。在调度模型中嵌入人工智能系统也能够使调度模型进行自主学习，最终达到优化模型配置的目的，整合网络资源，提高调配效率。

2.　运维层面

在运维层面，将人工智能系统部署在控制器中能够提高控制器的智能化水

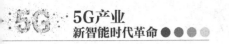

平，而借助人工智能还能够对系统进行故障定位和自我维护。当生产系统出现问题时，人工智能系统能够进行自检和维修，大大降低了维修成本，同时维修的效率也随之提高。

3. 业务层面

在业务层面，高性能的人工智能能够帮助企业进行业务上的整体规划，实现端到端的智能调配。在人工智能的辅助下，企业的业务运行模式也将发生转变，同时网络切片的推行也能够帮助扩大企业的业务范围。

随着 5G 与人工智能结合的愈加紧密，人工智能能够辅助企业对网络进行准确的调配分析，并能够在不断学习中实现智能化的网络自治，帮助企业实现 5G 应用落地。

3.2.3　网络切片，打造"私人定制"网络

在很多情况下，人们在人群密集处上网时总会遇到网络卡顿的情况。这是因为在同一段网络覆盖下，用户数量越多，每位用户能够占用的网络资源就越少。这就像在同一段道路上出现了非机动车、汽车、公共汽车等，假如没有明确的车道划分，所有的交通工具同时运行必然会造成交通拥堵，而非机动车道、机动车道、公交专用车道的划分则能够帮助恢复交通秩序。在网络资源调配方面，网络切片的作用就相当于车道划分。

网络切片是一种能够覆盖所有网段的端到端的网络架构，能够按照切片需求提供准确灵活的网络服务。网络切片能够让网络元件的功能进行准确的配置和使用，以满足特定的用户需求。

网络切片的使用能够帮助用户获得更有针对性的、流畅的网络体验。网络切片能够帮助运营商对网络的具体配置做出针对性更改。例如，在人群密集区域增加网络信号的吞吐量、提高网络频段效率等，这能够有效提升运营商在产品创建

和服务方面的效率，进而提升客户的网络使用体验。在 5G 时代，网络切片的种类分为 3 种，如图 3-3 所示。

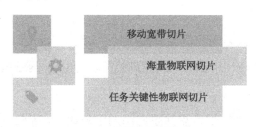

移动宽带切片

海量物联网切片

任务关键性物联网切片

图 3-3 网络切片的种类

1. 移动宽带切片

在部分对网速要求较高的场景下，移动宽带切片能够辅助应用的流畅运行，使用户的网络使用体验良好。

2. 海量物联网切片

在建设智慧城市、智慧工业、智慧农业等项目中，提高 5G 网络覆盖率是第一要点，海量物联网切片则能够保证 5G 网络的全覆盖，使相关企业能够随时应用 5G 网络进行生产活动。

3. 任务关键性物联网切片

在无人驾驶、远程医疗等领域，网络的低时延成了最首要的需求。而任务关键性物联网切片则保证了 5G 网络的低时延和高可靠性，使其在相关领域的应用落地。

结合人工智能，各种网络切片的应用在 5G 时代的网络环境下将会更加顺畅，而用户在上网时也能够得到更加准确的推送，获取完美的上网体验。

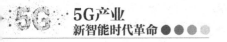
3.2.4　5G 与智能工厂的结合

5G 改变了人与人之间通信连接的模式，实现了人与物、物与物之间的连接，这将大大增加 5G 的应用场景，实现万物互联。而 5G 网络运行速率的提升是实现万物互联的必然要求。

人们在使用网络时，通常更注重网络的下载速率，因此传统网络的下行速率往往要高于上行速率。但 5G 网络增加了上行流量，使上传速率得到提高，而上行速率的提升或许也会改变人们的通信方式。

5G 物联网时代与传统互联网时代在数据传输方式与方向上是不相同的。互联网是一个从中心向用户传递数据的网络，而 5G 物联网的运行模式与其正好相反，它由外部向内部不断引入各种类型的数据，引入的数据量十分庞大。

在 5G 物联网模式之下，无论是人与人的连接，还是人与物的连接、物与物的连接，都将产生大量的数据。而人工智能能够自动对这些数据进行收集、判别分析，学习数据中的模式、规则。人工智能利用其智能分析功能可以对各行各业的发展趋势进行预测，并且根据预测情况制定有效的执行策略。5G 物联网模式的本质是网络自下而上的数据融合与驱动，即将海量数据不断提供给人工智能，再由人工智能对数据进行分析处理，从而创造出更大的价值。

由此可见，5G 物联网将自下而上地产生大量的数据，并且依靠海量数据产出价值，而人工智能是 5G 物联网实现其价值的重要因素。

随着 5G、人工智能、物联网模式的不断发展与相互融合，未来将有许多新技术融入人们的生活。同时，各种新技术也会不断向各个领域蔓延与渗入，逐渐实现万物互联。5G 与智能工厂的结合，将有助于智能工厂打造完善的工业互联网系统。5G 能够满足传统制造企业对生产模式转型的需求，实现工厂中机器设备的相互连接和人工远程操作等功能。5G 可以在以下几个方面为智能工厂提供技术支持，实现数据的交换与融合，5G 与智能工厂的结合如图 3-4 所示。

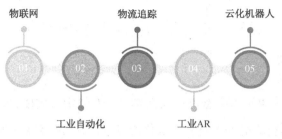

图 3-4　5G 与智能工厂的结合

1. 物联网

想要实现工厂的智能化，就需要将工人与智能设备连接起来，而物联网则是起到连接作用的重要纽带。将 5G 应用在智能工厂中更能大幅度推动物联网在工业领域的落地应用。

2. 工业自动化

在制造工厂中，工业自动化是基础的应用，其核心内容是闭环控制。5G 具有大带宽、低时延的优势，能够连接海量数据，能够保障闭环系统通过无线网络进行控制操作。

3. 物流追踪

工厂生产离不开仓库管理和物流配送，自动化的物流配送贯穿产品生产的始终，为确保物流配送的及时性和准确性，对物流进行追踪是十分必要的。5G 可以为工厂提供广泛连接和广覆盖的网络，满足了工厂对物流追踪和实时反馈的需要。

4. 工业 AR

在未来的工业生产中，生产作业的高度灵活性对工作人员而言是一种挑战，而工业 AR 的使用将满足未来工业生产的需要。例如，监督控制生产流程，实时管理生产中出现的问题，某领域专家进行远程指导等，这些都需要 AR 技术的辅

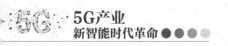

助。5G 实现了工业 AR 的灵活使用，保障了业务的高效执行。

5. 云化机器人

在未来的工业生产中，智能机器人需要具有组织协同能力，以满足柔性化生产的需要，这样智能机器人就有了云化的需求。5G 网络能够为云化机器人提供理想的通信环境，是云化机器人能够投入使用的关键因素。

因此，5G 与云化机器人的融合是实现柔性生产的基础，也将推动工业的智能化转型。在多种新技术的支持下，工厂能够在减少生产成本的基础上提高生产效率。

3.3 5G+人工智能=超级智能

5G 与人工智能的连接并不是一方促进另一方的单一连接，而是能够互相促进的双向连接。在 5G 网络的支持下，人工智能的运算速率将会得到极大提升，5G 网络低时延的特性也能够帮助人工智能在执行命令时做出瞬时反应，而人工智能也能够帮助 5G 将各项应用落到实地。5G 与人工智能的结合能够发挥出"1+1>2"的效果，有了 5G 的人工智能将会成为超级智能。

3.3.1 满足智能终端对网络灵活性的需求

用户在使用智能终端上网时的需求总是会随着场景的改变而发生变化，但无线网络的覆盖率较低，很多情况下无法满足用户对网络灵活性的需求，给用户的学习和工作带来了诸多阻碍。

相较 4G 网络，5G 网络的灵活性有了明显的提高，这也从侧面提高了智能终端 AI 应用的灵活性，5G 核心网的分布式架构满足了终端 AI 应用对网络灵活性的需求。更具灵活性的终端 AI 应用将改变当前"人随网动"的现状，并且实现校园、企业内部园区网的"网随人动"。

应用驱动园区网解决方案使建设柔性校园网系统成为可能。企业与学校不需要对现有网络进行调整，运营的复杂度也不会增加，用户和终端在企业或校园内的移动不受网络限制。同时，应用驱动园区网解决方案可以将所有数据集中到后台处理，降低了园区网的运维难度和运维成本。

想要实现"网随人动"就必须协调好大量用户的不同设备，以及对流量使用的不同需求。为了解决这一问题，应用驱动园区网为不同应用提供了独立的网络，让用户在使用应用时能够自动切换网络进行流量的调配。同时，应用驱动园区网为实现对网络的分层把控提出了四步解决方案，如图 3-5 所示。

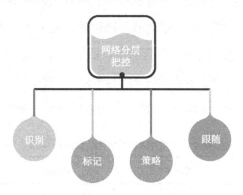

图 3-5　网络分层把控的四步解决方案

1. 识别

应用驱动园区网解决方案可以识别用户组和物联网终端，对 IP 电话和视频监控系统进行识别管控。

2. 标记

应用驱动园区网解决方案可以对不同的用户组进行分类，并根据 IP 频段的标记，对用户和终端进行绑定，让用户在网络中具有不可更改的标记。

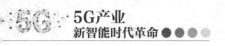

3. 策略

应用驱动园区网解决方案可以对园区网内的不同业务进行隔离,在不同场景内为不同用户和终端提供网络权限。

4. 跟随

在园区网络中的用户数量和终端位置发生移动,而 IP 不变的情况下,网络接入和网络策略不变。例如,在校园的教职人员或学生数量增多或减少时,应用驱动园区解决方案可自行调配网络。

IP 和用户的对应便于系统对用户的管控,同时便于人和终端之间的捆绑,实现了终端的安全接入。网段和业务的联动使得网段和业务之间的连接只需通过 IP 网段的控制就可达成。应用驱动园区网解决方案为用户提供多场景定义、设备管控、设备自动上线、网络业务等功能,用户只需点选几步,便可快速完成业务部署,高效快捷。系统通过将对应的 IP 网段进行管控可以实现对业务的管控,同时还可实现不同业务间的隔离,系统对不同业务的分别管控如表 3-1 所示。

表 3-1　系统对不同业务的分别管控

用户名	用户组	IP 网段	IP 锁定
A	财务	Ⅰ网段	是
B	市场	Ⅱ网段	是
C	监控设备	Ⅲ网段	否
……	……	……	……

应用驱动园区网解决方案的自动化部署将所有设备进行角色化分类,将核心层、汇聚层、接入层进行统一,并简化配置文件,实行简单的自动化部署模式。自动部署功能解决了设备的位置标识问题,使故障设备更容易被找到,为后期的运维提供了保障。系统能够在后台自动导入设备的位置标识,实行全界面自动化

监控。

应用驱动园区网解决方案除能实现网络的自动化部署外，还能实现终端资源的人性化分配。系统能够根据资源定义和用户组策略的匹配模式导出可视化界面，让用户快速掌握操作方法。同时，系统还会提供拓扑视图，让用户的操作更便捷。

应用驱动园区网解决方案能够实现"网随人动"，网络资源和网络策略跟随用户或终端移动。终端 AI 应用可自动接入网络，其使用也将更具灵活性。因此 5G 与人工智能的结合能够产生更多的超级智能应用，并最终满足智能终端对网络灵活性的需求。

3.3.2　拉近人工智能与日常生活之间的距离

5G 网络的出现使人工智能能够更多地被应用到人们的日常生活中。人工智能与 5G 的结合使二者同时实现了应用落地，使应用场景更加丰富。

现如今人们的生活中已然出现了许多人工智能应用，如家中的智能音箱、扫地机器人等。这些人工智能虽然功能单一，但已经能够辅助人们完成部分日常生活中的行为动作。而未来，人工智能的功能将会更加多样化，为人们的日常生活提供更多的便利。

例如，Moley Robotics 公司研发了能够做饭的机器人 Moley。Moley 不仅是普通的做饭机器人，而且其内置的系统能够辅助 Moley 做出超越一般人厨艺的美味菜肴。虽然 Moley 机器人只是两个机械手臂，但是凭借机械手臂上的 20 个发动机和 129 个感应器，Moley 只需数十分钟就能做好一道菜，还会将厨房打扫干净。用户只需下载一个点菜 App，就可在 2000 多种菜品中挑选喜爱的菜肴。

做饭机器人的缺点是需要用户提前准备好食材，并且机器人也无法通过嗅觉和味觉判断食材的好坏，但是因其节省做饭时间，所以还是受到了不少用户的追捧。相信在不远的将来，做饭机器人将成为人们生活中的好帮手。

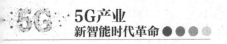

人工智能除应用于人们的日常生活外，在矿区、灾区等进行的危险作业中，以及在智能港口等更大范围的应用行业中也能看到人工智能的身影。

2019年5月举办的数字中国建设成果展览会上，中国移动展区向观众提供了体验虚拟驾驶技术的机会。观众可坐在汽车模拟器内，通过屏幕掌握实时的道路情况，并对现实中的汽车实现远程操控。虚拟驾驶技术预计在未来可应用在危险地区作业中，降低救援和矿区作业的危险性。

智能港口技术则主要借助5G网络实现对港口运输集装箱的抓取调度，能够有效提高港口的调度效率，提升调度的精准性，并且能对作业情况进行高清摄像并实时传输。

人工智能为5G应用的落地打下了坚实的基础，而二者结合产生的应用也将为人们的生活提供更多的便利。在越来越多的生产生活场景中，人工智能的辅助都将成为必不可少的要素，而人们的生活也将会变得更加舒适便捷。

3.3.3 推动网络重构

更全面的5G时代即将到来，各运营商都应做好充足的准备迎接5G带来的挑战，但是当前电信行业的态势却不容乐观，各运营商都陷入了增长乏力的困境。

一方面，此前的人口红利已经不复存在。在电信行业存在人口红利时，运营商的业务增长模式主要为投资驱动业务增长。但是现在，人口红利基本到达上限，此前的投资驱动模式收效甚微，传统的业务增长模式已经不适用于现在的发展状况。

另一方面，5G的发展将改变未来业务的形态，这对各运营商来说都是一种挑战。随着业务向云端迁移，5G业务需要具备更强的灵活性，也需要更多新技术的支持。业务需求推动网络升级，网络架构更加复杂，网络规模大幅扩大，随之而来的能源及设备消耗、资源利用率等问题都使得网络问题更加复杂。

在此背景下，如何突破业务增长的瓶颈，如何应对5G带来的网络复杂性问题是各运营商在迎接 5G 挑战时必须要思考的问题。面对 5G 网络的特殊性与 5G 业务的新要求，重构网络架构将是各运营商实现突破式发展的必然选择。

5G 与人工智能是网络重构的最好组合，人工智能能够很好地解决 5G 网络架构的复杂性问题。一方面，5G 网络是一个复杂的系统，人工智能可以完善其逻辑和秩序，降低网络运维成本；另一方面，5G 各种业务将利用物联网获取更多的信息，需要人工智能对信息作出筛选、整理和分析并进行科学决策。

此前，在网络的规划、运营、维护方面，运营商主要依靠人工干预进行，处理网络问题是被动的。而将人工智能应用到 5G 网络架构中，可实现网络问题的自动排查、自动解决，人工智能将提高 5G 网络的自动化、智能化水平。

第 **4** 章

5G 与智能制造：生产过程可视可控

5G 在制造业的应用将会推动制造业的转型升级，智能制造也将成为现实。5G 能够为工业生产提供低时延、广覆盖的稳定网络，为人工智能、物联网、AR 等技术在工业生产中的应用提供支持。未来，在智能工厂中，各种智能机器人能够通过协作完成生产任务，大大提高工业生产的质量和效率。

4.1 智能制造，智创未来

5G 技术的发展为人工智能、物联网、AR 等技术的融合应用提供了技术支持，而这些技术在制造业中的应用将推动制造业的变革，智能制造也会因此实现。

4.1.1 智能制造的特征

智能制造依托各种智能设备和智能制造系统实现。在智能制造系统的运作下，各种智能设备不仅能够实现自动化操作，而且能够进行分析、判断和决策，从而在自动化生产的基础上实现智能化、高度集成化生产。

智能制造在具体应用时能够改变原有各个层次网络信息运行模式，加强各流程之间的联系，将物联网、大数据、数字制造技术结合起来，缩短产品的生产周期，优化管理制度和制造体系。智能制造系统能够连接生产过程中的各环节，以便管理层实时监控工人生产情况和机器设备的运转，优化资源配置，提高生产效率。

智能制造在自动化制造的基础上更进一步地发展制造业形态，其核心是数字化、网络化、智能化。智能制造的主要特征表现为数据实时感知、数据优化策略和分析实时执行。

1. 数据实时感知

智能制造系统能够在大数据的支持下，通过标准方式对信息进行采集和分析，最终实现信息的自动采集、自动识别和自动传输，并将这些信息反馈到数据分析系统。

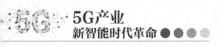

2. 数据优化策略

智能制造系统在运行的过程中，能够对相关数据进行实时分析，并计算出产品生命周期等相关信息，也能够进行系统的自我调整和优化，使智能制造系统更加完备。

3. 分析实时执行

分析实时执行是指在智能制造系统运行的过程中，系统会对控制和制造过程的状态进行分析，实现产品生产设备的稳定和安全运行，对生产环节进行动态调整。

由此可见，智能制造系统在运行过程中能够实现对大数据的采集与分析，从而达到优化生产过程、提高生产效率的目的。

4.1.2　智能制造离不开 5G 网络

智能制造系统在运行过程中采用的是端到端的数据交换模式，因此高速、稳定的网络环境成为智能制造系统平稳运行的重要因素。传统通信网络的速率一般，并且网络环境不够稳定，因此无法使智能制造系统实现终端与生产设备间的实时数据交换，要想运行智能制造系统就需要更好的通信网络，而 5G 网络能够提高智能制造的通信效率。

传统的 4G 网络传输速率一般，时延相对较高，导致机器在生产过程中对指令接收的速率较慢。5G 网络的引入能够使工厂的分模块生产和智能制造不再遥远。同时，5G 网络可使生产流水线的建设更为便捷，在日后的改造和维护上也能大大降低成本，而这些的实现都要依托 5G 网络的低时延、广覆盖等特性的优势。

（1）低时延。

5G 网络的低时延特性能够使智能制造的终端与智能设备进行实时数据交

换，降低智能设备出错的概率。低时延的 5G 网络能够提高智能设备的灵活性，在对温度和湿度较为敏感的高精密度制造环节，能提高设备运作的精度。例如，5G 网络下的智能系统可通过对传感器压力和温度的实时监控，实现较低时延的信息传递，将信息及时传递到智能机械设备终端，实现对生产作业的高精度调控。

智能制造系统在接入了 5G 网络后，系统能够对智能制造设备进行实时命令，低时延能够保证智能制造设备对命令进行准确执行。同时双向的数据传输也能够使终端平台时刻了解生产线的制造情况，从而提高生产效率。

（2）广覆盖。

智能制造系统的部署往往能够覆盖整个工厂，因此通信网络也需要能够覆盖整个智能工厂。5G 网络的小基站部署模式能够确保其对工厂的全面覆盖。

在智能制造系统的运行过程中，大范围分布的传感器和执行器是保障系统完美运行的主要因素，也是实现大数据信息连接的基础。

在生产线运行过程中，智能制造系统能够对生产线中的大数据进行分析，利用新技术对智能制造的生产系统进行优化。同时，智能制造系统也能够实现端到端的实时通信，保障数据安全，让智能制造中智能设备的运行更加迅速、精准。

因此，5G 网络能够以其低时延、广覆盖的特性将智能制造工厂的生产效率提高。在 5G 的支持下，智能设备的运行也将更加准确，智能工厂可以实现自动化、智能化的生产活动。

5G 为实现智能制造提供了有力的技术支持。未来，5G 的应用可以推动制造业的智能化，这主要体现在以下两个方面。

（1）智能机器人提升制造灵活性。

智能机器人在制造业中是很常见的，其中用于物流搬运工作的智能机器人使用越来越频繁。制造商安装了越来越多的自动导引车来帮助生产，人们也通过先进的自动化方案来不断改善智能机器人在生产中的应用情况。

过去，在制造业中也采用了一些传统的运输工具，但是这种运输工具不够灵活。它们通常在凹槽、链条或固定金属导轨上运行，同时噪声很大，会对工作环

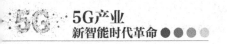
境造成很大破坏。此外，这种设备价格也很昂贵。

如今，新一代自动导引移动机器人应势而生，其通过感应、磁带和地图导航定位等技术，可以在复杂的生产环境下工作。可以通过对智能机器人重新编程来规划新的路线、执行新的任务。同时，这些机器人可以连接网络，通过计算分析出最佳路径，以更少的时间完成任务，节省运行成本。

未来，当5G通信技术应用到智能制造业中后，智能机器人势必会大范围普及，并且除了用于自动搬运的智能机器人，还可能会产生其他类型的智能设备。

（2）工厂走向智能制造模式。

制造商可以根据生产的规模来确定智能机器人的数量，智能机器人在配置参数后可以立即投入使用，甚至可以以租赁的方式解决临时生产的问题，这样可以为制造商节省更多的生产成本。

智能制造模式兴起之后，未来工厂一定是自动化、智能化的，智能机器人在其中扮演了重要角色。智能机器人可以和制造执行系统交互，具有防错、可追溯性等特点。智能机器人可以更好地与智能制造系统结合，保证各生产环节的产品快速运输、无缝连接，保证生产线以最高的效率运行。

物联网、人工智能等新兴技术的发展，也推动了智能机器人的发展。可以通过视觉、激光导航等技术，提升智能机器人在工作环境中的识别能力。加入人工智能算法，智能机器人可以实现自主运行，从而更好地配合工作。未来，用户甚至可以通过语音指令、人脸识别等方式，轻松呼唤智能机器人开始工作，进一步提升工作效率。

可以预测，5G与物联网、人工智能等的结合，将极大地加快制造业的智能化进程。

5G应用到智能制造业后，将带来制造业的巨大变革，其应用也给新型制造业带来了诸多好处，这主要体现在两个方面。

一方面，5G在智能制造业的应用给制造商带来更多的经济效益。在大量生产中采用自动生产方式可以有效地提高生产效率、提高产品质量、缩减生产占地面积、降低生产成本、缩短生产周期，这些都可提高制造商的经济效益。

另一方面，自动化生产线按规定的程序自动进行操作或控制，节省了人工，将工人从部分恶劣、危险的工作环境中解放出来。这对制造商而言，也提高了产品生产的安全性。

总之，智能制造是十分需要 5G 的支持的，5G 的应用使智能制造更加智能化，也为物联网、人工智能等在制造业的应用提供了技术支持。

4.2 5G 点燃智能制造的火焰

5G 的高速率、低时延、大带宽的特点为传统制造业向智能制造业的转型提供了强有力的技术支持。5G 能够为传统制造业的现有技术进行智慧赋能，使人工智能、工业 AR、无线系统化控制等各个行业能够实现端到端的互联，提升产能。

4.2.1 推动 AR 在工业中的应用

AR 即增强现实技术，能够将虚拟场景融入现实世界中。在工业生产中，AR 的作用非常突出，合理运用 AR 技术能够有效提高设备操作的灵活性、提高工作效率。

智能设备可自行将设备上的信息传递到云端，技术人员能够通过 AR 设备直接观测智能设备上传到云端的生产数据，同时也能够利用云端网络获取更多实时信息。

例如，某工厂就成功地运用了 AR 技术完成了对设备的远程维修。在该工厂设备出现故障后，技术人员无法及时赶到工厂，由于生产任务紧急，所以该工厂就利用 AR 技术，对发生故障的设备进行了远程维修。

在故障设备现场的员工只需佩戴 AR 眼镜就可接受技术人员的远程技术指导，技术人员可以从 AR 眼镜传递回的信息对故障原因进行分析。该工厂成功利用 AR 技术完成了对设备的维修，既提高了工作效率，也降低了维修成本。

虚实结合与实时交互是 AR 技术的两大特点，也是其优势所在。

AR 技术能够在现实世界的基础上，投射出三维的虚拟景象。用户能够通过对 AR 显示器中真实场景和虚拟场景的结合观察，准确判断自己应该进行的操作。虚实结合的 AR 技术大大降低了用户操作失败的概率，从而提升了工作效率。

同时，AR 技术的虚实结合也使用户能够通过 AR 显示器与现实场景进行准确交互。5G 的低时延特性也能够保证用户交互的实时性和准确性，实现真正的全场景化操作。

因此，将 AR 技术应用到工业领域，能够有效提高工业生产的效率，降低工业维修的成本。未来。AR 技术还将应用到更多工业场景中，大大降低人力成本及时间和空间成本。

4.2.2　倒立摆：5G 下的自动化控制

自动化控制是智能制造工厂中最为基础的应用，闭环控制系统是其运行核心，而倒立摆系统是自动化控制系统中的优秀案例。倒立摆的物理原理较为简单，即用一个支点支撑起物体，让物体保持一种平衡的状态，倒立摆结构如图4-1 所示。

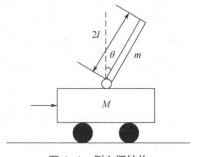

图 4-1　倒立摆结构

倒立摆的本质是利用一个支点支撑起一个物体，其存在状态并不稳定。一个一级倒立摆的组成也十分简单，通常是一个支点和置于该支点上的一根圆柱体棒（摆杆），而这个支点被固定在移动的小车上。小车在不停运动时就会使圆柱体棒来回晃动，并始终处于一个不稳定的平衡中。

根据倒立摆模型中摆杆数量的不同，倒立摆可以分为一、二、三、四级倒立摆，级数越高，就越难维持系统稳定。各类军工、航天、机器人产业等在对相关产品进行姿态维稳的设计中都采用了倒立摆原理。

在倒立摆系统运行的过程中，云端会发送指令让倒立摆开始运行，然而传统网络环境下的时延较高，摆杆在接收指令时的反应也会减慢，导致整个倒立摆系统达到稳定状态花费的时间较长。而 5G 网络则能够解决这一问题。

实验结果表明，当倒立摆系统在 4G 网络下运行时，由于 4G 网络的时延过高，倒立摆接收系统指令后执行延迟，倒立摆从振荡到保持稳定的时间过长，达到 13 秒。在 5G 网络高速率和低时延特性的支持下，倒立摆摆杆能够在接收到指令后的第一时间迅速开始运行，其从运行开始到达到稳定状态为止的时间仅有 4 秒。可见，5G 网络的运用能够使倒立摆系统的工作效率得到提高，使倒立摆系统能够被应用到更多领域。

自动化控制系统被广泛地应用在智能工厂的技术设施建设中，而其核心闭环控制系统则能够使传感器和设备执行器之间先进行信息传输。其一周期传输时间能够低至毫秒，因此在进行闭环控制时也需要通信网络能够拥有低于毫秒级别的时延，否则就无法保证闭环控制系统对生产制造过程的精密控制，甚至会造成系统运行的暂停，为工厂带来损失。

在自动化控制生产的过程中，大规模布置传感器和控制器等设备能够保证数据的实时传输。而在闭环控制系统运行的过程中，不同应用场景下对传感器数量的需求也略有不同，同时其控制周期也会随之变化，部分应用场景的经典数值如表 4-1 所示。

表 4-1 部分应用场景的经典数值

应用场景	传感器数量/个	数据包大小/Byte	闭环控制周期/ms
打印控制	>100	20	<3
机械臂动作控制	20	50	<5
打包控制	50	40	<3

由于闭环控制系统对不同应用场景的需求在随时变化，因此智能制造在运行时必须能够从各方面满足其相关技术要求。而在这方面，5G能够为自动化控制系统提供低时延的网络，保证自动化操作的流畅性。

4.2.3 5G让云化机器人走向现实

在智能制造的场景中，云化机器人的技术是必不可少的。云化机器人能够组织协调工厂进行自动的个性化生产，将信息直接连接至控制中心，通过强大的计算平台对大数据和生产制造过程进行计算和监控，提高工作效率。

在进行大数据运算时，硬件的损耗是不可避免的。而云化机器人的出现能够将大规模的数据运算转移到云端进行，有效降低了硬件的损耗。同时5G低时延和广覆盖的优势也有利于云化机器人在个性化生产中提高工作效率。

5G网络是能够支持云化机器人运行的理想网络。5G网络独有的网络切片能够提高云化机器人传输信息的速率；而其低时延的特性更能够实现信息的实时传递，保障信息传递的时效性。由于云化机器人能够为智能制造提供诸多方便，目前已经有数家企业开展了对云化机器人和5G网络的共融测试，以打造出更加自动化的智能工厂。

云化机器人加入生产过程中，会使工厂的数据分析能力和自动化程度显著提高。云化机器人数量的增加也能够提高制造环节的自动化水平，满足柔性制造的需求，打造出更符合消费者需求的个性化产品，从而使工厂获得更多收益。

例如，在诺基亚的智能工厂的测试点中，巨大的电子屏幕能够帮助工作人员直观地了解每个车间的生产线上的数据信息。工作人员能够对该信息进行高效分析，并传送到云平台中进行集中处理。当生产线出现问题时，数据中的序号也能够帮助工作人员准确追踪到相应运行零件。

当工厂生产设备出现问题时，工作人员不必等到一条生产线结束工作时才能对设备问题进行排查，而是能够通过云化机器人对设备故障实时排查，大幅度提高生产和维修的效率。

在诺基亚的智能工厂测试点中，云化机器人也接受了产品组装测试。其试验结果表明，在零件标准化的前提下，云化机器人的组装效率更高。因此，在智能制造中使用云化机器人与工作人员进行合作，能够有效提高智能工厂的生产效率。

因此，5G 运用到制造业能够促使云化机器人更好地运行，从而提高自动化流程中的智能化水平。在云化机器人的监管下，系统能够及时排查设备故障，有效提高生产效率，助力智能制造业的发展。

4.3 5G 时代智能工厂前景分析

在 5G 时代，智能工厂的运行模式将会发生改变，生产过程可控性提高、生产线的流程更加自动化，同时智能工厂将会借助信息化技术打通各个流程，实现从设计、生产到销售各个环节的互联互通，并在此基础上实现资源的整合优化。5G 能够带领智能制造的各个环节进行资源整合，满足智能工厂中各项智能设备之间的远程交互需求，实现自动化、个性化生产，摆脱以往 4G 网络状态下生产制造较为混乱的状态，带领智能工厂进行全面的产业转型。

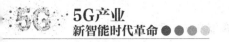

4.3.1 柔性制造与个性化生产

柔性制造是一种小批量、多品种的生产方式。在针对消费者个性化、定制化、时效性等需求上，柔性制造有其独有的优势。柔性制造考验了企业的生产供应链对消费者需求的反应状况。这种反应越灵敏，说明制造业企业的柔性制造能力越强；反应越迟钝，说明制造业企业的柔性制造能力越弱。

对于制造业相关企业而言，拥有柔性制造能力能够帮助企业在新时代的销售中保持竞争力。柔性制造能力是一家制造业企业品牌形象的重要标志，它能够影响企业的个性化发展。

电子商务的C2B（Customer to Business，消费者到企业）模式就属于典型的柔性制造。在这种模式下，消费者首先对企业提出具体的生产需求，企业再根据消费者的需求有针对性地生产产品。

消费者可以通过 C2B 网站发布需求信息，让不同企业来竞标，从中选择最优方案达成交易。在 C2B 模式下，消费者可以买到性价比较高的产品，企业也可以不打广告就能够把产品销售出去。

C2B 模式具有临时性、目标性和周期性。临时性是指消费者是临时聚集的，议价和购买也是一次性的；目标性是指消费者的需求目标非常明确，就是获得最大的优惠；周期性是指由需求驱动到消费者聚集，再到议价和购买的过程，是一个完整的生命周期。

灵活的运行模式和业务处理能力能够促使企业更好地提升柔性制造的水平。将 5G 融入柔性制造，有助于实现大规模柔性化生产。5G 网络增强了网络的灵活性，打破了机器移动的区域限制，机器能够在不同区域、不同场景下连续工作，可随工作要求自动切换工作模式，从而降低了使用各种线缆的成本。

在 5G 网络高速率、低时延、大带宽的优势支持下，柔性制造的制造车间能够使各种机器在网络系统控制之下合理地运作。并且机器灵活性高，可以按照程序进行多种工作的协调运作，有效地提升了生产效率。整个制造车间不但工作流程井然有序，而且干净整洁，满足了企业的盈利需求，也满足了消费者对良好生产环境的要求。

在个性化生产过程中，根据不同生产模式的需要，网络的服务模式应有所不同。面对具有高精度工序的工作，需要确保机器操作指令的传输时间；面对关键性信息任务，需要保障网络的安全性；面对大量的数据分析，需要网络有较高的传输速率。5G 网络能够满足不同生产环境下的不同需求。

5G 网络切片技术可以满足不同生产模式对网络服务的不同要求。不同的网络切片有不同的服务模式，企业可以根据工作的需要进行调整，为工作中的机器选择最合适的网络服务模式。

利用 5G 可以建立以人与机器为核心的信息系统，保障无论何时何地都能实现产品生产信息的共享。这样一来，消费者在购买产品或者服务时，可以参与到企业产品生产的过程中，随时查看产品的设计及生产过程，确保能够买到放心的产品。

4.3.2 维护模式全面升级

对于制造业来讲，工厂设备的整体维护是维持工厂正常运行的重要条件，但某些大型企业的工厂分布较为零散，在维护时需要耗费的人力物力相对较多。而 5G 的出现则能够帮助企业进行线上的工厂维护，5G 的大数据网络能够轻松实现数据的分享交换。未来，智能工厂的运营维护将不再受地域与时间的限制。

大型工厂在进行设备维护时耗费的时间与各项资源往往是巨大的，而在未来大量的维护工作能够交付给智能机器人来完成。企业可以将较为简单的机械性、重复性工作分配给智能机器人，而较为复杂的工作则通过工人与智能机器人的协作完成。随着技术的不断更新换代，在智能制造领域，智能机器人终将代替人工。

未来，大型工厂中的每一个智能机器人身上都有一个 IP 终端，这个 IP 是独

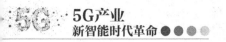

一无二且不可复制的,而且用于制造生产的原材料都将具有自己的信息属性。系统会根据需要向智能机器人发布指示,智能机器人会根据指示进行自动化的生产与运行维护。

工作人员也将拥有自己的个人终端,可以与智能机器人进行各个生产环节的数据交换。智能机器人在工作过程中,工作人员无论身处何地,都可以与智能机器人进行数据的接收、交换,并且能够对智能机器人进行实时监控。

例如,在5G网络的支持下,当生产线出现问题时,系统会优先把问题上报给智能机器人。智能机器人可以根据数据库中的数据查找解决办法并自动解决问题,整个过程不需要人为干涉。

若遇到智能机器人无法自动解决的问题,其也会在第一时间将问题上报给工作人员。无论工作人员身处何地,都可以运用5G网络远程解决问题。工作人员可以运用VR远程设备对工厂中的智能机器人进行远程控制,智能机器人在受控之后会到达问题现场,在工作人员的指导下解决问题,这时智能机器人与工作人员之间的状态就是一种实时同步的状态。

在5G的支持下,身处异地的人们可以通过AR设备实现共同作业。当需要多人合作来解决问题时,以5G为依托的AR设备可以将各地的工作人员召集在一起,并运用远程操控设备来共同解决问题。

5G的广覆盖与高传输速率可以满足VR设备海量数据交换的需求,低时延保证了工作人员的动作可以通过远程设备实时传递给智能机器人,并且智能机器人可以被多人操控。

4.3.3 5G网络切片助力资源合理分配

用户在使用网络时可能会有不同的需求,而网络切片则能够将物理网络划分为数个虚拟网络。例如,用户对网络的时延性、带宽和安全性等有不同需求,网络切片能够根据用户需求将网络灵活地划分,从而适应不同网络场景的要求。

网络切片在互联网中的作用相当于交通部门对道路交通的管理作用。交通部门在道路上进行交通分流可以防止发生交通拥堵，而网络切片也能够有效防止网络产生拥堵卡顿。

根据用户需求的不同，网络切片能够为用户进行网络智能优化，通过修改参数来保证用户在使用网络时畅通无阻。因此，网络切片的"私人定制"服务，能有效保证用户的用网质量。

在不同的应用场景下，网络切片也能够针对不同的网络服务需要提供最优的解决方案。5G 网络切片不但能够减少能源消耗，还能够优化工作流程，保障高效的工作效率。5G 网络切片技术在智能制造业的应用，将推动产品生产的个性化和灵活化发展。

5G 网络的灵活性能够满足不同场景对数据传输速率、网络覆盖能力、网络时延等的不同需要。但在一定程度上，5G 网络也面临着挑战。不同场景对 5G 网络资源的分配与再分配都有着更加高标准的要求，而 5G 网络切片技术可以将网络资源灵活地分配到智能制造的不同应用场景中。

5G 网络能够根据参数创建提供不同服务的网络切片。在创建网络切片的过程中，需要调度基础设施中的资源，包括接入资源、传输资源和云资源等。而各个网络切片也都有各自的管理功能，网络切片可以根据用户的不同需求，为用户提供共享的或者隔离的基础设施资源。同时，系统也可以对不同的网络切片进行协同管理。

要想快速扩展网络切片，可以在智能工厂中采用多层级、规范化的管理模式。例如，某综合性工厂需要生产多种类型的不同产品，而每种产品的市场需求量并不相同，因此工厂原有的技术模式将不再适用。

为了能让资源的使用满足大部分产品的需要，工厂往往会设定一个基本数值。设定资源使用基本数值的方式虽然满足了大部分产品的生产需要，但是在生产使用资源较少的产品时就会造成资源浪费，而在生产使用资源较多的产品时就会出现资源不足的问题。这些都是工厂在生产中存在的问题。5G 网络切片技术

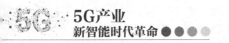

能够很好地解决这一问题，它可以为每种产品的生产提供合适的资源，保障了资源的合理利用，不会造成浪费，也不会造成生产过程中资源不足的问题。

5G网络切片技术在制造业的使用能够使资源进行合理分配，有效减少资源的浪费，同时也能降低资源不足状况的发生概率。资源合理配置的灵活化生产提高了智能制造的智慧化程度，使智能制造更能适应新时代的发展要求。

4.3.4 智能机器人融入基层管理

未来，工厂在运营过程中，需要对于生产过程中的许多环节，如原材料供应、仓储方案等进行判断与决策。这时5G能够为工厂提供高质量的平台。每件物体都拥有传感器，传感器的传感技术会将具体情况在第一时间上报到网络系统之中，网络系统会对数据进行收集整合，并形成数据库。在5G网络与庞大数据库的支持下，智能机器人将变得更加智能，甚至成为工厂运营中的管理者。

智能机器人会利用5G对具体情况进行云计算，再通智能机器人自带的数据库中的内容进行学习，从而对事件进行最合理的判断与决策，最终得到最优方案。当生产制造的各个环节所用的时间逐渐缩短，对各种问题的解决方案更加优质时，产品生产的效率就会不断提高。

当前工厂中普遍存在机器设备杂乱成堆、空中线缆与支架遍布车间等问题。这不但影响工作环境，而且也影响着设备的使用状态。甚至由于空间狭小、工作人员不方便的进出车间，机器的功效也得不到最好的发挥。

然而在未来，当5G网络对工厂进行全面覆盖之后，工厂不再需要大量的线缆与支架。智能机器人将运用于生产制造的各个环节，并且长时间在工厂内穿梭，进行原料与产品的运送、产品质量的检测、设备的检查与维护等工作，甚至进行更加复杂的工作。

那时候，智能机器人会成为基层管理的一部分，它们通过对收集到的信息进行整合，确定生产方式。这时，只需要少量的工作人员对智能工厂的运行进行监测，并且处理部分高级管理内容。智能机器人作为工作人员的高级助手，替代人工进行重复性工作，帮助工作人员进行复杂的智慧型工作，最终形成人工与智能机器人的协作工作模式。

随着网络与物联网的相互连接，5G 网络将渗透到社会生产的各个领域。那时的通信技术将扩展到人与物品，或者物品与物品之间。制造业也是深受 5G 影响的重要行业，将 5G 融入制造业将推动制造业的升级与转型。

第 **5** 章

5G 与医疗：架起坚固的生命之桥

随着 5G 时代的到来，互联网、人工智能、大数据等技术会在 5G 的支持下共同发展，为医疗行业带来改变。电子病历为患者的就医带来便利；同时，医疗数据的共享也能够使医院对患者进行远程治疗，让更多的患者能够得到及时救治。在 5G 技术的支持下，现代医学将会得到更好的发展。

5.1　5G+电子病历

电子病历是利用电子设备储存医疗记录的病历，它不仅可以保存、管理医疗信息，而且还支持病历信息的传输，电子病历的最大优势就是提高了医疗效率。

5.1.1　推动医疗数据的整合与共享

5G 网络在医疗中的应用离不开医疗数据的共享，而将医疗数据上传到网络后能够为患者就医与医院进行研究带来便利。

传统的医疗信息都被登记在患者接受诊治时选择的医院中，如果患者在第二次接受诊治时选择了其他医院，就需要再次进行信息登记。医院之间相互独立的信息存储模式使患者就诊的效率难以提高。5G 进入医疗领域后，建立能够多家医院共享的医疗信息平台将会是未来医疗的发展趋势。

保障数据的真实、可信是进行大数据分享时的重点，也是提高医疗效率的关键。保护好用户的数据能够使用户在上传数据时更加放心，同时建立严密的数据保障程序越能够降低数据被篡改的可能性，让数据可以更好地服务于医疗。

历史医疗数据的共享能够帮助医生更快地做出诊断，因此建立历史医疗数据共享平台将成为未来医疗体系中重要的一环。依托 5G 产生的电子病历就能够实现医疗数据的共享，传统医疗体系中的纸质病历相对封闭，其无法在各家医院进行信息共享。而电子病历则打破了纸质病历的局限性，实现了病历的异地共享，能够帮助医生迅速了解患者病情。

在传统就医模式下，医院无法共享病历为患者的就诊带来了诸多麻烦，在降低患者就诊效率的同时，重复检查也造成了医疗资源的浪费。电子病历的出现将会改善传统就医模式的不足之处。将患者的病历上传至云端，患者与医生都能够

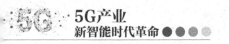
随时了解病历相关情况，提高患者的就诊效率。

电子病历的创建能够帮助患者实现过往病历共享，极大简化患者的就诊流程，也让医生能够根据电子病历中的情况对患者进行高效诊治，提高患者的被救治率。

5G 对医疗数据的整合打破了空间的限制，使患者能够以最快的速度实现异地就医，增强了患者的治愈可能，同时也为医学进步做出了贡献。各家医院能够对共享电子病历进行相应研究，总结出某一类疾病的发病规律，从而对患者做出更加有效的诊治判断，推动医学进步。

5.1.2 建立新型的医疗数据库

未来，医疗系统将会在云计算的发展下不断完善，5G 与大数据的结合能够有效推动新型医疗数据库的建立，使患者在线访问医疗数据库的效率进一步提高。

当患者访问应用程序时，数据库将会记录并收集患者的诊治信息，而后收纳至数据库中，形成一个完善的数据中心。医生也将在不断浏览患者医疗数据的过程中加深对患者病情的认知，从而实现医患双方的相互配合。

在 5G 网络的支持下，医疗数据库得以建立。5G 网络的高速率、大带宽、低时延特性保证了医疗数据库内的数据可以高速传输，并且数据库的建立保证了数据传输的安全性。

建立数据库能够全方位提升患者的就医体验，患者可以随时访问医疗数据库中自己的电子病历，全面了解自身病情，在面对医生的询问时能够做出更准确的回答。同时患者也能够通过医疗数据库了解完整的就医流程，在实地就医时减少因对就医流程不熟悉而浪费的时间，提高就医效率。

同时，医疗数据库的建立也使患者的电子病历得以上传到共享平台中。通过对患者电子病历的访问，医生能够获得患者患病历史信息或其他身体健康数据，从而准确、迅速地诊断患者的病情，提高医疗效率。

5.2　5G+诊疗服务

5G 的发展能够使患者的就医过程更加简单，患者可以选择通过网络"一站式"预约诊疗，甚至能够选择远程医疗（5G 与 AR 技术相结合）。5G 的全面普及能够简化患者的就医流程，提高患者接受诊疗的效率。

5.2.1　"一站式"就医模式惠及患者

传统的就医模式下，患者的预约时间较长，效率较低。而 5G 在医疗领域的应用能够彻底改变"马拉松"式看病现状，5G 时代将在就医方面给患者带来更多便利。

在 5G 应用到医疗行业后，将能够建立一条快速的急救通道。例如，高发病率的心脑血管疾病，在发病的前几分钟是救治患者的黄金时间，然而很多情况下突发心脑血管疾病的患者都无法在第一时间获得治疗。而利用 5G 网络，患者的体征情况和病情严重程度能够被及时上传至周围医院的数据库中。在接收到数据的第一时间，医生就能够针对患者的病情迅速制定出急救方案，提高患者的被救治率。

未来，患者不再需要花费大量时间排队挂号、缴费，而是可以选择在线上完成"一站式"就诊流程。一些需要长期治疗的慢性病患者也能够与主治医师进行在线沟通，在足不出户的情况下完成治疗。这样的就医模式极大地方便了患者。

借助 5G 网络，医院可对患者的医疗数据进行分析，合理分配资源，实现信息在医生、患者间的交互，使就医的效率大大提高。5G 应用后，全天在线的"AI 医生"或将产生，随时给患者诊断病情、提供治疗建议。

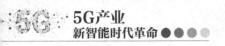

5G 与医疗领域的结合能够推动智慧医疗的发展，为患者就诊提供便利的同时也能够提高医生的诊疗效率。当 5G 网络真正做到全覆盖时，智慧医疗也将惠及更多患者。

5.2.2 虚拟护理系统大展身手

患者在医院中离不开护士的精心照料，尤其是老年患者更加需要护士的贴心看护。然而，现今护士群体的短缺已经成为众多医院亟待解决的难题。一方面，护士的数量严重不足影响了医院对患者的全面看护；另一方面，部分专业护士的短缺则更为严重，如耳鼻喉科、整形科等，一名专业护士往往需要看护许多患者。虚拟护理系统的出现将能够解决护士人手短缺的问题。

依托 5G 网络产生的虚拟护理系统能够高效地收集患者的各项信息，并时刻监控患者的生命体征。例如，患者的睡眠情况、康复速度、服药时间、饮食信息等。在收集到这些信息后，虚拟护理系统能够整合相关数据，对患者的健康状况进行全面分析，并指导患者进行下一阶段的康复活动。目前，虚拟护理有 3 个典型的案例，如图 5-1 所示。

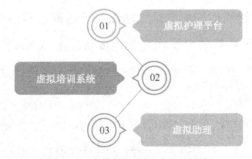

图 5-1 虚拟护理的 3 个典型案例

1. 虚拟护理平台

虚拟护理平台是融合了医疗传感技术、远程医疗技术、智能语音系统等多种技术的集成平台。多种技术的结合使用能够使患者得到虚拟护理平台的全面护理。

例如，Sense.ly 公司推出了一款名为 Molly 的虚拟护士。Molly 虚拟护士能够通过与患者的对话，有效地采集患者的各种健康信息。信息采集完毕后，Molly 会在第一时间将这些信息传送给 IBM Watson 系统。IBM Watson 系统借助深度学习技术，能够有效地解读这些信息。信息解读后，Molly 会把相应的治疗方案第一时间告诉患者，从而提高患者的就医效率。

Molly 虚拟护士软件可以安装在智能手机、平板和 PC 端，这样患者就能够在第一时间与 Molly 展开深度交流。如果 IBM Watson 系统认为 Molly 提供的信息不够充分，虚拟护理平台则会智能安排医生，让专业的医生与患者通过远程视频的方式进行交流。这样患者也能够在第一时间得到最佳的诊疗方案。

借助传感器功能，Molly 只需连接患者四肢上佩戴的传感器，就能够智能获取患者更完备的健康数据，从而为患者提供更个性化的健康护理方案。虚拟护理平台的投入使用可以在一定程度上缓解医院护士缺少的问题，也为在线患者提供了更多的服务，解决了更多的问题。

2. 虚拟培训系统

虚拟培训系统是虚拟护理的另一个典型应用。虚拟培训系统的核心技术是 VR 技术，目的在于借助 VR 技术降低护士护理培训的成本。虚拟培训系统能够为新手护士设计一系列虚拟培训方案，让新手护士能够迅速了解医疗护理的相关内容，尽快投入工作。

护士是专业的护理人员，不仅需要优秀的品质，而且需要专业的处理问题的能力和超高的工作效率。优秀的护士需要医院付出高昂的培训成本。为了进一步降低护士的培训成本，提高护士的工作效率，必须借助 VR 技术，打造虚拟培训系统。通过虚拟培训系统可以准确对医护人员进行针对性的训练，有利于提升医护人员的医护水平。

3. 虚拟助理

虚拟助理是虚拟护理的第 3 个典型应用。虚拟助理能够通过对患者相关生理活动数据的收集和评估，判断患者的病情，为患者提供更加有效的个性化康复方案。

例如，NextIT 企业开发了一款名为 AlmeHealthCoach 的虚拟护理系统，该系统通过收集患者行动化的数据，能够综合评估患者的病情，为其提供更为个性化的健康管理方案。这样患者就能够在家中了解到更多改善病情的措施。

综上所述，虚拟护理服务不仅解决了现今医疗行业护士短缺的问题，而且还通过智能化的操作为患者带来了更好的就医体验，使患者随时随地都可以享受到专业、周到的护理服务。

5.3　5G+急救通信

在医疗急救方面,高传输速率的 5G 网络也使急救通信的效率有了很大提升。在 5G 网络的支持下，急救通信系统能够对急诊信息做出快速响应，能够在救护车上收集患者的病情数据，帮助医生进行快速诊疗。

5.3.1　5G 优化急救通信系统

急救通信系统是急救网络的核心部分，在急救过程中起着联络、指导、传递的作用，在急救工作过程中有着不可替代的重要作用。为了使急救信息系统能够在关键时刻将信息传递出去，就必须搭建足够稳定、高效的网络。而 5G 的高传输速率满足了急救通信系统对响应和运行速度的要求。搭载 5G 网络的 5G 急救通信系统保证了医院在接收患者数据后可以快速做好急救准备,在接到患者后可以快速进行抢救，保证了医院的反应速度。

目前的急救都是在救护车将患者快速送往医院后，再对患者进行详细的检查和救治。5G 网络在急救中的应用将会改善急救速度较慢的现状，让患者在救护车上就可以顺利被救护。救护车可以通过 5G 网络将患者的病情数据实时发送至医院，医院的医生可以通过远程高清视频了解患者病情，及时对患者进行救治。

2019 年 4 月，我国第一个基于 5G 网络的移动 ICU（危重症转运车）亮相中国科学技术大学附属第一医院，其凭借高传输速率和低时延的 5G 网络，能够准确、详细地了解患者的病情数据，并将病情数据实时回传至医院。移动 ICU 配备了搭载 5G 网络的视频设备及医疗设备，患者的病情数据能够实时、准确地传输到医院急救中心。医生通过实时传输的数据可以快速分析患者病情，得出合理的治疗方案，并进行远程的紧急救护，解决了急救途中患者难以得到救治的问题。

移动 ICU 在急救途中，如果患者情况危急需要进行手术，那么在 5G 网络的支持下，急救中心的医生能够对救护车中的医护人员进行实时的手术指导，医务人员可以在急救中心医生的指导下进行手术，以及时、有效地挽救患者的生命。

当出现突发事件需要医疗救援及病危患者需要紧急救治时，5G 网络在移动 ICU 中的作用是至关重要的，它可以实现移动 ICU 内医务人员和急救中心医生之间的实时互联。通过急救中心医生的指导，现场医务人员的诊断救治将会更加准确，有效地提升了医务人员的急救速度和急救能力。5G 让宝贵的急救时间被充分利用，提升了急救通信系统的反应速度，使系统运行更加通畅。

2019 年 7 月，大连医科大学附属第一医院与中国电信、华为等企业合作举办了 5G 临床应用演示会。在演示会上，一辆覆盖 5G 网络的急救车载有一名心梗患者前往医院。同时，在急救车运送途中，医院急救医生能够通过实时的视频传输，了解患者的姓名、年龄、性别等基本信息，以及了解患者的心电图、监护信息和检查信息。急救车的位置信息也能实时传输到急救中心。在 5G 网络的支持下，医生还能够通过高清视频对患者体征进行实时监控。

5G 远程救助可视化指挥调度平台利用 5G 急救通信系统保证了急救车与医

院控制中心和急救室的连接，确保了急救车、控制中心、急救室三者之间信息的实时传送。根据急救车实时回传的信息，医院可进行远程指挥调度，可通过远程影像指导救护车内医护人员对患者或伤员进行救治。此外，在灾害救援中，医院还可根据现场情况启动灾害救援单兵系统和无人机系统，以便辅助急救车更好地对伤员进行治疗。

5.3.2 高清视频设备实现远程急救

发生病情后的前 4 分钟是救治患者的"黄金时间"，急救就是要抓住"黄金时间"，挽救患者生命。挽救患者生命必须争分夺秒，而 5G 在急救方面的应用能够提高医生挽救患者的速度。

未来，配备 CT、X 射线扫描仪和高清视频通信设备的救护车可以通过 5G 网络连接急诊中心，急诊中心的医生可以远程观察患者，并对其头部进行 CT 扫描。对患者的体征监测及数据采集可以在救护车上完成，所有数据都会实时通过 5G 网络发送到急诊中心，这为挽救患者生命争取了宝贵的时间。

5G 的作用不仅体现在救护车上，其还能够帮助急诊中心获取更多数据信息。在 5G 网络的支持下，急救通信系统能够根据患者的体征数据为患者联系最近的医院，同时也能够联通交通部门调动实时道路信息，为患者打造出一条生命通道。在确定医院后，救护车就会向这个医院发送警报及患者的医疗数据。

同时，医院的医生可以根据救护车传送的数据，在患者到达医院之前提前做好手术准备。5G 高清视频及远程病情诊断极大地提高了救护车上的救护效率和医院医生准备手术的效率，也提高了急救的救治率。

搭载 5G 网络的救护车可以更好地对患者进行实时监控，同时视频通信也可以在 5G 的支持下保证救护车与医院之间数据的实时传输。在实时视频通信技术的支持下，救护车可以将采集到的数据实时传送至医院，同时救护车内医务人员也可以在医院医生的指导下更好地对患者进行治疗。

第6章

5G与教育：让师生眼界大开

随着5G的逐步成熟及5G与物联网、云计算等技术结合应用的发展，5G将使各行各业发生巨大的改变。同样，5G在教育行业也有广阔的应用前景，5G在教育行业的应用将会推动教育行业的变革，使其向着科学化、现代化的方向发展。5G与AR/VR技术在教育领域的应用能够创新教学模式，使课堂教学变得立体、生动，提升学生的学习体验。

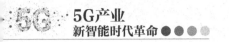

6.1　5G 支持下的教育发展趋势

5G 在教育行业的应用将深刻影响教育行业的发展，在 5G 的支持下，在线教育将获得快速发展，各种搭载了先进技术的智能教育设备也会越来越多。5G 与 AR/VR 的结合将变革教学场景，在为学生带来更好的学习体验的同时也能够实现教学资源的共享。

6.1.1　智能教育设备研发

在 5G 时代，在线教育将成为教育发展的重要方向。在 5G 的支持下，在线教育能够获得进一步发展，这也是教育行业更加智能化的体现。除 5G 网络外，在线教育的发展也离不开各种教育硬件设备的支持。未来，越来越多的智能教育设备将会被研发出来并投入使用，具体包括两个方面。

1. AI 教育设备的研发

AI 教育设备的研发将成为智能教育设备研发的重要课题。5G 将推动 AI 的发展，同时，AI 在教育行业的应用也会越来越普及。例如，学生在选择在线教育课程时，AI 机器人可以根据学生预存的资料分析出学生的薄弱学科及欠缺的知识点，从而为学生定制有针对性的教学课程。

AI 教育设备还可以为学生提供虚拟助教、虚拟陪练服务，帮助学生强化学习；也可为学生提供专家系统服务，对学生阶段性的学习做出评价或进行问题诊断等。总之，从选课到学习，再到学习总结，AI 教育设备都会为学生提供帮助。因此在未来，AI 教育设备的研发是教育硬件设备研发的重点项目之一，它可以使学生的学习更科学、更智能。

2. VR 教育设备的研发

除 AI 教育设备外，未来还有一种先进的教育设备可以为学生带来更好的学习体验，这就是 VR 教育设备。

教育不仅需要教师，而且需要环境。在线教育的欠缺之处就在于其只有教师讲授，而没有环境辅助，环境对于学习效果而言十分重要。很多在线教育并不能完全做到让学生真实感知知识的应用，削弱了教育的深刻性。这时，VR 教育设备就体现出了自己的优势，它可创造出虚拟现实环境，让学生在虚拟场景中身临其境地进行学习，达到更好的学习效果。

VR 教育设备可以让学生更好地了解知识、产生学习兴趣，可全方位调动学生的感官和思维进行学习。例如，教师在对科学原理进行讲解时，VR 技术能够辅助教师进行实验演示，从而帮助学生更加直观地理解实验原理。VR 教育设备可以让学生获得更好的学习体验，更轻松地掌握知识。

同时，VR 教育不受时间和空间的限制。相比传统的学生只能在学校进行学习的教育模式，VR 教育的开放性更高。学生在任何时间、任何地方都可以利用 VR 教育设备学习，在学习过程中师生可进行有效的互动，使学生具有真实的学习体验。VR 教育使学习更加自由。因此在未来，VR 教育设备的研发也是智能教育设备研发的重点内容之一。

在 5G 和 AI 技术不断发展、教育水平不断提高、教育需求不断更新的大环境下，对智能教育设备进行研发是大势所趋。未来，各种融合先进技术的智能教育设备将会被研发出来并逐渐普及。

6.1.2 借 VR/AR 变革教学场景

5G 与 VR/AR 的结合将会改变现有的教学模式，使教学场景更加生动立体，也将给学生带来更加新奇的学习体验。AR 可以促进现实世界与虚拟世界的交互，VR 也可以通过逼真的虚拟环境带给学生身临其境的感受，配合智能穿戴设备的

使用，还能够实现人机交互。5G 与 VR/AR 应用到教学中，将创造出全新的教学场景。

5G 在教育行业的应用将推动 VR/AR 设备的发展，同时 5G 的低时延特性可以降低 VR/AR 设备带来的眩晕感，在未来的教育行业中，VR/AR 教学将会得到广泛的应用。

VR/AR 教学能够带给学生清晰直观的教学体验，使师生感情的传达和沟通更加及时，其发展将会给在线 1 对 1 小班课及双师课堂带来机会。

VR/AR 技术将改变授课方式，提升授课质量。传统教育模式下的教学方式多为课堂教学，并且在现有教学设备的制约下，许多教学实践都无法进行。而在未来，教学将更富趣味性，随着 5G 在教育行业的普及，更多结合 VR/AR 技术的设备会运用到教学场景中，为学生创造更加真实、可交互的学习环境，让学生在学习中能够更好地进行实践，提升学习质量。

VR/AR 等技术在教育行业的应用体现在很多方面。

首先，在常识类知识的普及中，如心脏复苏等医学技巧的授课中，VR/AR 教学能够模拟真实场景，让学生在逼真的虚拟环境中进行实践。此项技术的普及也会使常识类教育向更广范围、更有深度的方向发展。

其次，VR/AR 教学应用于教学实践中更能保证教学的安全性。一些教学实践是具有危险性的，如危险的化学实验、技能培训、模拟演练等。而在 VR/AR 技术的支持下，学生能够在虚拟的环境中进行实践，保证了学生的安全性。

再次，在学生的日常学习中，VR/AR 教学可以模拟真实的教学场景，并且能够实现师生在虚拟场景中的交互，打破了学生学习的时间和空间限制。

最后，VR/AR 教学可以在虚拟场景中还原现实生活中不可能再现的场景，如还原历史场景等。

VR/AR 技术与教学结合后，可以依托优质教学资源，把抽象概念具体化，为学生打造高度真实、可交互、沉浸式的学习环境。随着技术的发展和商业模式的成熟，VR/AR 教育必将在未来迎来其广泛应用的爆发期。

VR/AR 技术对各行各业都产生了巨大的影响，当其应用到教育行业后，也势必会带来教育行业的变革。同时手势捕捉技术的加入，有效提升了 VR/AR 技术的互动性，这使得以 5G 为依托的 VR/AR 技术在教育行业的应用更具优越性。

6.1.3　解决教育资源难共享的问题

教育资源分布不平衡、难共享是当前教育行业中十分突出的问题。均衡优质师资力量、促进教育公平化是未来教育发展的重要方向。而 5G 在教育行业中的应用可以实现教育资源共享，解决教育资源共享困难的问题。

教育资源共享是互联网教育发展的重要趋势，更多的优质资源能够通过互联网被共享传播，除课堂学习外，学生能够通过多种方式获取知识。例如，各大视频网站中发布的各种录播课程，使学生能够在网上学习多样的课程。

而随着 5G 及 AI/VR 等技术在教育行业的应用，在线教育的服务形式也在不断升级，以 5G 及 AI/VR 等技术驱动的线上个性化教学是教育行业十分具有潜力的应用场景。

目前，已有教育机构对 AI 教育进行了探索，如作业帮。学生在选择课程时，作业帮通过智能分析可以掌握学生的学习情况，并将学习能力和学习习惯相似的学生分配到一起。这使课程更有针对性，提高了教学质量，提升了学生的学习兴趣。

当前，5G 在教育行业的应用还不成熟，想要实现 5G 在教育行业的深度应用，学校可以加强对在线教育的扶持力度，依托新技术发展新业务。在线教育机构也可以用自身的技术与学校进行合作，实现新技术更高效的应用。

一方面，在线教育机构主动与学校合作，不仅可以帮助学校了解学生学情，而且可以帮助教师改善教学。同时，在线教育机构还可为学校和教师搭建线上平台，开放自身资源，让教师可以利用在线教育机构的技术优势，进行现代化、智能化的教学实践。

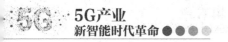

另一方面,在线教育机构在课程研发、教学等方面需要积极借鉴学校的经验。尽管在线教育机构具有技术优势,但在教育行业,学校和教师更有教学经验。通过借鉴学校和教师的教学经验,在线教育机构可以提升技术应用的精度及效率,也可以更好地指导在线教育机构未来的技术研发。同时,在线教育机构也能够通过合作了解学校和教师的需求,以便对产品和服务进行调整。

随着5G及AI/VR等技术在教育行业应用的深入,势必会创造出更多的应用场景。而随着新技术应用的普及,教育资源的稀缺性就会降低,从而降低了教育成本。新技术应用降低教育成本主要表现在两个方面。一方面,以5G为依托的在线教育实现了优质教育资源的更广范围的共享,可集中利用人才、课程、设备等资源,提高了资源使用率,降低了教学成本。另一方面,以5G为依托的在线教育打破了时间和空间的限制,学生不必付出额外的交通与住宿费用,节约了教育成本。

因此,通过5G衍生出的各项教育领域的应用能够助力教育行业实现教育资源的合理分配和共享,更多的学生能够通过新应用获得优质的教育资源、良好的学习环境,提高学习兴趣和学习效率。这对于促进教学的公平性和科学性而言是十分重要的。

6.2 5G+VR 激发教育领域大变革

5G、VR与教育的结合将开启一种新的教学模式,给教育行业带来颠覆式的变革。基于5G场景的VR教育,将使未来的教育场景出现无限可能。

6.2.1 打造逼真的模拟演习活动场景

VR营造的虚拟场景在教学中能够起到重要作用,在虚拟场景中,学生可以进行各种模拟演练活动，不仅能够给学生带来真实的实践体验，而且还能够保证学生在安全的环境中进行实践。例如，学校在举行火灾、地震的疏散演习时就可以借助 5G 与 VR 技术为学生打造出更加真实的灾难场景，帮助学生对所学内容产生更加深刻的记忆。

在每次模拟演练前，学校都会制定详细的方案，并为学生讲解和培训逃生技巧。在模拟演练时，当警报声响起，学生以班级为单位使用正确的逃生技巧有序撤离到安全地带。随后教师们会统计人数并向学校汇报，学校依据学生的表现情况评判此次演习的效果。

灾害疏散模拟演练是学校教育中不可缺少的一环，虽然学校对学生逃生知识的培训在一定程度上能够起到作用，但碍于场景的体验性不强，依旧会有学生并不重视这样的演练。如果想要让全部学生都能够真实体验到灾难发生时的场景，从而提高学生对灾害演习的重视程度，那么就必须给学生打造更加真实的逃生环境。

VR 技术的出现就很好地解决了这一问题，其可以创造十分逼真的虚拟场景，为灾难逃生演习提供一种全新的活动模式。它将火灾、地震等灾害现场还原到虚拟场景中，并制造各种情况，组织学生演练，使学生今后在面对真正灾害时可以做出正确反应。将 VR 技术应用在地震、火灾演习中后，逼真的虚拟场景可以让学生真实地体会大地震动或大火的灼烧感，使学生在学习应急设备的使用时更有实感等。目前已有许多学校进行过 VR 火灾演习，以此提高学生的安全意识与逃生能力。

除在灾难逃生演习中应用外，VR 技术还能够应用在安全培训演习中。例如，在建筑工地中的应用，VR 技术能够把建筑工地中可能存在的问题通过虚拟场景展示给学生，让学生通过检查找到不安全的地方并做好记录，最后对记录进行分析。建筑工地等场所的安全培训在现实中不可能进行，这就展示了 VR 安全培训的重要意义。

VR 安全培训演习不仅可以使参与者有更真实的体验、使演习更有效果，而

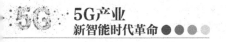

且还会节约演习的成本。定期开展安全培训演习是防止损失扩大的有效方法，但是频繁的安全培训演习会增加投入的成本，VR 安全培训则有效地解决了这一问题。

除学校里的安全培训外，在广泛意义上的教育中，VR 教育的场景教学方式可以推动常识类 AR 教学活动在社会范围内的推广。例如，火灾场景演习、心脏复苏等医学技巧的培训演习等，都可以通过 VR 教学来实现。VR 教学可以有效地将这些常识类的培训内容在社会中普及，提高整个社会的安全防范意识。

6.2.2　对教学培训进行模拟，增强师生互动

在教学方面，5G 与 VR 能够帮助教师和学生进行模拟教学培训。教师能够在模拟教学培训中熟练掌握教学难点，提高备课效率；学生也能够更直观地了解知识点，加深对知识点的理解。模拟教学培训能够使教学过程更有针对性，提高教学效率。

VR 教育是智能的，教师能够通过智能技术掌握不同学生的情况，制定不同的培训方案，学生也可以进行个性化学习。在这种情况下，每个学生的教学培训方案都是不同的，教学培训的内容也都针对学生各自的学习难点，因而这样的教学培训更具针对性。

VR 教学中模拟的教学培训为师生提供了新的交互方式，大大提高了学生学习和教学培训的效率。在 VR 教育中，不仅培训内容更具针对性，而且学生和教师也可以在虚拟现实中自由交互，教师可以在虚拟场景的培训中对学生进行指导，帮助学生更好地解决学习中的问题。在未来，依托 5G 的 VR 教学将成为互动教学中的重要环节。

VR 教育以其方便、快捷、针对性强、效率高等优势，将极大地改变现有的教育、培训模式，成为未来教育发展的主流。而现在，VR 教室的应用已有了成功的实践。2019 年 4 月，百度在浙江省嘉兴市吉水小学设立了 VR 教学试点，

建立了百度 VR 教室。百度 VR 教室依靠 VR 教育一体化解决方案运行，课程体系严格遵守教学大纲。VR 教室在自然科学课上的应用能够带给学生更加震撼的科学体验。很多抽象知识能够依托 VR 技术直观、立体地展现在学生面前，在提升了课堂趣味性的同时也使学生对科学知识的了解更加透彻，提升学生的学习效率。

目前，VR 教育受到许多业内企业的追捧，也有许多企业进行了 VR 教育课堂建设的尝试，把传统教育与 VR 教育相结合，使学生更积极主动地学习，增强学习动力。

位于成都的电子科技大学附属实验小学为了加强对外交流合作，利用南洋理工大学研发的 VR 虚拟课件开展了一门有关新加坡特色的在线课程。学生戴上 VR 眼镜后，瞬间就会从中国成都"穿越"到新加坡，在虚拟场景中，学生能够真实地感受到身边川流不息的街道，全面地体验新加坡的特色之美。

这样的 VR 教学能够让学生身临其境地感知远在千里之外的世界，在开阔学生眼界的同时也能够激发学生的创造性。未来，随着 VR 教学设备与虚拟教学课件的研发，VR 教学也将普及到更多的地区。

不同企业对 VR 教育的尝试和应用展示了未来 VR 教育广阔的发展前景。在未来，VR 教室或将被普及，教学培训的效率会有更大提高，同时，以 5G 为依托的全息投影技术、AR 技术等也将在教育行业有更好的应用，推动教育行业多元化发展。

6.2.3　进行个性化的 VR 科普教育

VR 在科普教育方面能够起到极为重要的作用，以往的大部分科普教学都是通过课本讲解实现的，学生难以直观地理解这些科学知识。而利用 VR 设备，学生可以真实地感受航天、飞行、滑雪等各种情景，使学生通过虚拟场景中的交互更好地学习相关科学知识。

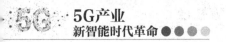

　　幻影星空是我国一家专攻 VR 科普教育的知名品牌,近几年来,幻影星空建立了许多能够进行沉浸式体验的科普教育馆,使人们在立体的虚拟场景中加深对科学知识的记忆。VR 科普教育能够为学生定制个性化的科普教程,让更多学生获得新奇的学习体验。

　　传统的科普教育虽然能够起到一定的科普作用,然而在灾难防护、特殊物理现象展示等方面仍有不足。幻影星空通过将 VR 技术与科普教育结合到一起,能够把传统科普教育中很难展现出的场景向学生展示出来,是对传统科普教育的很好的补充。

　　VR 科普是未来发展的趋势。幻影星空已研发出多款科普教育产品,并打造出多个 VR 科普体验馆方案,分布在国家科技馆、科普乐园和一部分学校中。

　　利用 VR 设备,学生可以在虚拟环境下进行各种化学实验,保证了学生的安全。同时,VR 设备对各种飞行情景的模拟能够激发学生探索星空的兴趣。VR 科普的优势在于可以让人们直观感受一些难以看到的场景,将心中的想象具象化。例如,利用 VR 设备,人们可以看到化学分子结构,可以飞上太空领略宇宙的魅力。VR 科普可以给人们带来从未有过的新奇体验。

第 **7** 章

5G 与新零售：打通购物新空间

跨入 5G 时代，新零售行业也将迎来新的发展。不同于传统销售模式，新零售的核心是"线上+线下+物流"的销售模式，这就需要线上与线下相互结合。在 5G 的支持下，融合各种先进技术的新零售将变革零售业服务体系，使消费者具有更便捷的购物方式和更舒适的购物体验。

7.1　新零售时代已经来临

随着时代的发展，传统零售模式越来越难以满足消费者日益提高的消费需求，新零售的发展是大势所趋。相比传统零售模式，新零售为零售行业带来了新的变化，也拥有独特的优势。

7.1.1　新零售带来的5个变化

相比传统零售单一的线下或线上销售模式，新零售能够将线上和线下结合起来，创造出互通的消费场景。在新零售模式下，消费者既能享受到购物的乐趣，也能体验到场景环境的气氛，购物体验也能获得提升。

例如，王莹将在下周出席一场商业宴会，为此她必须在周末买到适合出席宴会的服装。在传统网上购物的模式下，王莹无法判断自己买来的衣服是否和图片完全一样，或者是否合身。但在新零售模式下，王莹能够通过观看直播直观地看到衣服的颜色、样式及上身效果等，还能够利用 AR 技术模拟试穿，在家中实现"云逛街"。

由此可见，新零售为消费者提供了更加便捷的服务，同时也丰富了消费场景，让消费者能够随时随地进行消费。新零售为零售行业带来了5个变化，如图 7-1所示。

1.　运营中心的变化

传统的销售模式中，商家占据主导地位，消费者只能购买商家提供的产品。而在新零售模式下，消费者成为市场的主导，商家需要为消费者提供符合消费者需求的产品，为消费者创造更多的消费场景。

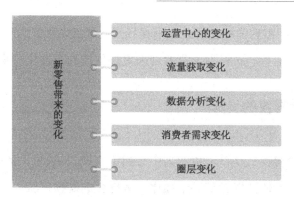

图 7-1 新零售带来的 5 个变化

2. 流量获取变化

不同于传统的电商销售，新零售的销售模式被赋予了更多的社交属性。除线上购物商城外，商家也能够通过短视频、直播等途径获得流量。

3. 数据分析变化

在新零售模式下，商家能够收集消费者的购物数据、收藏数据等，并能够根据这些数据建立消费者画像。消费者画像能够显示出消费者的购物特点及购物需求，商家能够据此更加准确地为消费者推送产品，提高转化率。

4. 消费者需求变化

随着时代的不断发展，消费者对个性化产品的需求也在不断增加，商家需要从以往的单一的产品生产模式中解放出来，发展柔性生产，迎合消费者的独特需求。

5. 圈层变化

新零售不再只是单纯的线上销售或线下销售，在新零售时代，线上与线下将会被连接起来，更多的商家也会联合起来，形成全面的新零售网络，并为消费者提供更好的服务。

由此可见，新零售的崛起将带来消费场景的升级，商家的产品生产模式与销售模式也将发生变革，这将为消费者带来更加便捷的个性化购物体验。

7.1.2 新零售的优势

新零售的销售模式是以消费者为中心的销售模式。通过大数据分析消费者的消费偏好，有助于使消费者获得个性化、多样化的购物体验。

新零售能够结合人工智能技术，在产品设计和服务中通过对大数据的精准计算，满足消费者的个性化需求，同时能够使产品供应链得到优化，连通线上与线下的销售点，实现线上服务与线下服务的精准配合。

传统零售业往往以线下商店作为销售的主力军，而消费者在进店购物时的随意性较强，供需平衡较难把握，因此经常会发生产品缺货或积压的情况。而电商行业与传统零售业类似，在对产品供需平衡的把握上经常会出现问题。

线上、线下一体化的新零售方式则能够连通线上与线下，很好地解决传统零售业与电商行业中存在的供需平衡问题。新零售通过对"人、货、场"三大要素进行升级，能够实现对产品供应链的优化及对产品运营的精细把控。例如，当消费者在某品牌便利店的 App 中下单购买了某产品时，大数据平台就会立刻对消费者的购买数据进行分析，为消费者精准画像，并为消费者推荐可能会喜欢的产品。同时消费者也能够在 App 中进行结账，节省了传统人工结账模式中排队等候的时间。

同时，新零售的概念也被引入了生鲜超市中。例如，每日优鲜打造了前置仓销售模式，即以仓为店，建立在社区周边，为周边的消费者提供即时送货服务，大大提高了生鲜产品销售的响应速度与配送效率。

无论是便利店 App 的引用还是生鲜超市的前置仓销售模式，都是线上数字化技术分析和线下实体店及物流配送的结合体，这种线上、线下一体化的新零售模式不仅能够扩大商家的运营规模，而且能够降低运营成本，也能够为消费者提供更为满意的服务。

7.1.3　电商与线下商店的新零售转型

大数据分析、云平台计算和人工智能等先进技术是新零售行业发展的重要驱动力，随着各种技术的不断成熟，新零售业在推动下获得快速发展。在这种情况下，电商与线下商店都需要积极转型，迎接新零售的到来。

电商分为不同的种类，不同种类的电商（见图 7-2）迎接新零售的方式是不一样的。

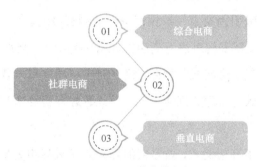

图 7-2　不同种类的电商

1. 综合电商

淘宝、京东商城、苏宁易购等综合电商早已为新零售时代的到来做好了转型准备。综合电商的零售基础较强，因此对产品生产到销售之间的数据把控非常严格。在新零售时代，综合电商能够获得更多营收。

以淘宝销售越来越多的定制产品为例，这些定制产品都是商家在了解了消费者的需求和意见后，与厂商协调生产出来的符合消费者个性化需求的产品。

2. 社群电商

与综合性电商不同，社群电商的目标消费人群十分明确，而同类消费者能够

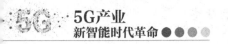

很快地聚集在一起组成一个社群，小红书和蘑菇街就是社群电商的代表。消费者能够在社群内交流，分享购物心得，而后直接在社群内下单。

社群电商可以通过O2O（Online to Offline，线上到线下）模式向新零售转型，将线上销售与线下销售结合起来，使消费者能够享受到更快速的物流服务，提升消费者的购物体验。除提升服务水平外，O2O模式也更加利于产品的推广。

3. 垂直电商

垂直电商往往是专营某行业产品的电商平台，如只销售母婴产品的贝贝网。在新零售时代，垂直电商可以通过社群运营模式向新零售转型，用母婴产品、电子产品等社群标签吸引消费者，挖掘消费者的购买潜能。

除各类电商外，新零售对线下商店的冲击更为明显，传统的购物广场和新兴的生鲜超市、便利店都将迎来转型期。线下商店可通过引入各种智能设备、智能系统等实现自身的改造升级，打造无人零售、智慧零售等新的零售模式，以迎接新零售的到来。

对于电商和线下商店而言，新零售的到来既是挑战也是机遇，商家需要抓住机遇，及时进行新零售转型，以便在未来的竞争中占据优势地位。

7.1.4　无界零售：新零售解决方案

阿里巴巴创始人马云曾说过："在不远的未来，线上与线下相结合的新零售模式将会取代传统电商。"这表明了马云看好新零售的未来。作为新零售模式的一种，无界零售在各种先进技术的支持下获得了发展。无界零售依托于5G、人工智能和大数据分析技术，能够连通线上与线下两种销售模式，打破传统销售模式的壁垒，打造出新的零售场景，如图7-3所示。

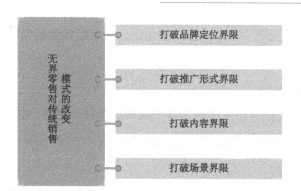

图 7-3　无界零售对传统销售模式的改变

（1）打破品牌定位界限。

在无界零售模式下，品牌方能够在更多的场景中进行自我展示和营销，与消费者的接触机会将大大增加。同时无界零售模式也将打破品牌的定位界限，帮助品牌方整合资源，有体系地开展营销活动。

（2）打破推广形式界限。

随着新零售时代的到来，产品推广形式会更加多样化，线下推广与线上推广也将结合得越来越紧密。而在无界零售模式下，各种线上推广及线下推广形式之间的壁垒将会被打破，商家能够进行更广泛、更全面的产品推广。

（3）打破内容界限。

传统销售模式下，消费者能够获取的信息较为单一。而无界零售模式则会结合多种内容为消费者创造"社交+零售"的消费新场景，如"美妆教学+销售""美食节目+推广"等。多种内容的连接会为消费者提供丰富的内容。

（4）打破场景界限。

无界零售能够联动线上与线下两种销售模式，销售场景的界限将被打破。未来随着 VR/AR 技术的融入，销售场景将打破时间与空间的限制，变得更加灵活、自由。

京东是无界零售销售模式的有力的推动者，2019 年 5 月，由京东和数百家零售业、AR 行业公司联合举办的"智享无界"大会正式召开，会议的主题是

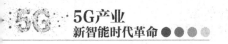

AR技术如何赋能无界零售，全面打造线上、线下联动的新零售场景。京东为合作成员提供以下支持。

（1）技术支持。

京东以独特的技术研发优势为合作成员提供技术支持，帮助其打造无界零售新生态，并支持AR技术在新零售场景中的应用。

（2）资源支持。

京东为合作成员提供流量支持，以及包括投资渠道、金融服务在内的全方位协助，降低成员向新零售转型的风险。

（3）服务支持。

京东会为合作成员打造新零售转型的落地方案，并且不断将创新成果在实际中应用，协助AR技术和新零售场景结合，提升合作成员的行业竞争力。

京东等企业对无界零售的实践反映了新零售未来发展的广阔前景，先进技术是推动新零售方案落地的重要因素，而5G无疑能够加速各种先进技术在新零售领域的应用，推动新零售的快速发展。

7.1.5 智能手机品牌突出重围

智能手机市场的竞争无疑是激烈的，华为、苹果、小米、vivo等品牌之间的竞争从未停止。随着5G时代的到来，许多手机品牌都推出了5G手机，以期在新的赛道上抢占先机。除技术方面的竞争外，在消费者越来越注重消费体验的今天，在销售方面提升服务水平也是各手机品牌开展竞争的焦点。

小米旗下的小米之家体验店独特的新零售模式为智能手机的销售做出了良好示范。小米之家在全国的门店数量并不算多，但其能够为消费者提供良好的服务，小米的营业额也因此获得了成倍增长。小米之家对新零售探索的成功之处表现在以下两个方面。

1. 转变销售方式

在互联网时代，产品的所有信息都能够在网上查到，层出不穷的开箱视频也能够辅助消费者进行选择，消费者已经不再需要店内工作人员指导式的销售，其会更加注重对产品的亲身试用。小米之家十分重视消费者的体验感，消费者可在店内自由地试用体验各种新品手机，这能够让消费者对产品有更全面的了解，提升消费者的购物体验。

2. 统一配送服务

不同于其他手机商店，小米之家并不提供产品现场交易服务。消费者在小米之家下单后，产品将会通过物流送到消费者家中，并由相关人员为消费者后续的安装进行指导服务。这种"线下下单+物流配送"的模式也改善了消费者的购物体验。

从小米对新零售的成功探索可以看出，新零售也能够作为智能手机销售的新模式，为智能手机开拓新的销售场景。消费者也能够在此种模式下获得更好的购物体验、享受完善的售后服务。

7.2　5G+购物带来新的消费模式

依托 5G 网络及各种智能化、自动化系统，线上购物与线下购物的界限将被打破，新的消费模式也将产生。商家能够借助 5G 网络下的全息投影技术展示商品，精简购物流程，为消费者提供更优质的服务。

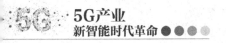

7.2.1 打破界限，线上、线下协同发展

线上、线下一体化的新零售模式能够提升商家的运营能力，提高产品销量。小米的新零售模式就是打通线上与线下销售渠道的典范。

2019 年，小米手机的出货量在全球排名第四，能够获得如此优秀的销售成绩，与其打造的线上、线下一体化的新零售模式密切相关。小米在全国各地建立了小米之家体验店，线上与线下联动，让更多消费者在购买小米手机时能够具有更好的体验。

随着新零售时代的到来，小米对线下市场的购买力进行了挖掘，开发了线上与线下联动的销售新模式。利用线下客流量带动线上智能手机的销量，同时也为品牌增加了曝光率，提升了品牌的销售优势。

在线下体验店的开发过程中，获取并分析线下客流量和转化率成为小米之家运营的重点。对于新零售而言，想要成功联动线上与线下，就必须获取足够多的数据。小米之家中独特的客流统计系统能够辅助门店人员对门店内的客流转化率、产品关注度、客单价等数据进行统计与分析，从而提高小米之家的运营效率。

线上、线下结合的模式可极大地提高线上和线下销售的效率，提高产品销量。产品的供求链也会因此趋于平衡，产品积压或产品短缺的现象能够被有效避免。

新零售对物流的影响也十分明显。随着 5G、人工智能、物联网等技术在物流领域的应用，货物打包及配送流程将实现自动化，这能够有效提高配送的效率。

新零售连通了线上与线下两种销售模式，使线上销售的流量能够转移到线下商店中，而线下商店也能够为线上销售引流。同时，仓储和物流体系将更加完善，各种自动化的智能设备也将应用于其中。

7.2.2 借全息投影展示产品

全息投影能够帮助消费者更加全面、立体地了解一件产品，更容易激发消费者的购买欲望。因此在 5G 时代，有了高速网络的支持，全息投影将会成为重要的产品展示方式。

目前，全息投影展示被广泛应用在产品发布会或广告宣传中，相比传统的产品展示方式，利用全息投影对产品进行展示拥有更多优势，如图 7-4 所示。

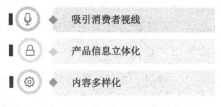

图 7-4　全息投影展示产品的优势

1. 吸引消费者视线

全息投影能够生动地展示产品的全貌，3D 投影技术带来的光线效果能够为消费者带来更强的视觉冲击，吸引消费者的视线，使消费者在观察产品全息投影模型的过程中对产品留下更多的印象。

2. 产品信息立体化

全息投影能够将产品立体地展现出来。以汽车等大型产品为例，在以往的展示中，消费者往往无法看到产品的全貌，而全息投影则能够全面、立体地展示产品，消费者可以通过旋转的立体影像 360 度无死角地观察产品，获得更全面、立体的产品信息。

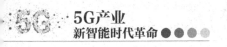

3. 内容多样化

全息投影的灵活性能够保证商家在进行产品展示时根据消费者的要求放大产品的部分细节，以便于消费者观察、了解。在展示完一件产品后，商家还能够快速切换到下一件产品的展示中。展示内容的多样化不仅提升了产品展示的效率，还能够丰富消费者的观看体验。

除展示商品外，全息投影还能够被应用在T台展演中。未来，在5G的支持下，全息投影将应用于T台取代真人模特，为观众带来更加梦幻的时装秀。

此外，全息投影也能够为消费者购物提供便利。例如，消费者想要购买一个衣柜，为了买到合适的衣柜，消费者需要对衣柜的摆放位置、衣柜尺寸、衣柜风格和现有家具的适配程度等进行思考和考察，这一过程是十分烦琐的，而全息投影则可以帮助消费者解决这一难题。在5G的支持下，消费者能够在线上自由挑选各种衣柜，并将衣柜的全息投影投射到真实的家居环境中，轻松地确定衣柜的尺寸、风格和观察与家庭空间的匹配，避免了衣柜到货后和整体家居不匹配的情况的发生。

利用全息投影展示产品打破了传统的产品展示模式，能够帮助消费者更加直观、立体地了解产品更多的信息。而商家也能够借全息影像加深消费者对产品的印象，提高产品的购买转化率，实现产品的长久销售。

7.2.3 精简购物流程

在5G时代，基于各种先进技术和智能系统，消费者的购物流程将被极大地简化，消费者的购物体验也因此提升。例如，无人零售以"即看、即拿、即走"为目标，能够让消费者更快速地结束购物流程。

无人零售之所以可以做到如此便捷、高效，是因为"RFID（Radio Frequency Identification，射频识别）+传感器识别"技术的支持，无人零售用到的主流技术有3种，如图7-5所示。

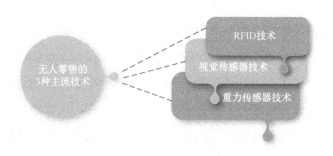

图 7-5　无人零售的 3 种主流技术

1. RFID 技术

RFID 技术通过无线电信号识别目标并读写相关数据，无需系统与特定目标之间建立机械或光学接触。在实际应用中，每一件产品会被贴上一个电子标签，当消费者购买产品时，传感器会识别产品上的电子标签并进行结算。

2. 视觉传感器技术

视觉传感器技术是通过传感器识别产品被拿走或放回的动作来进行结算的。该技术不会消耗太高的人工成本，但缺陷在于，当消费者购物时，可能会出现因为传感器反应速度较慢而识别错误的情况。

3. 重力传感器技术

重力传感器技术即传感器能够感应货架上的重量变化，从而明确产品是否被拿走或放回。该技术对传感器的灵敏度要求最高，这使得设备需要被频繁地校准、维护，同时，在处理重量相近的产品时，传感器很难进行正确识别。

无人零售的实现离不开上述 3 种技术的支持，RFID 技术识别的精准性、传感技术感应的精准性都与网络的质量密切相关。而 5G 所提供的具有高传输速率、低时延的网络能够提升各种技术的精准性。在 5G 网络的支持下，无人零售将获得快速发展。

目前，无人零售领域已经出现了一些无人零售店，在各种先进技术的支持下，

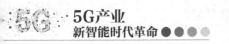

无人零售店精简了购物流程，为消费者提供了更便捷的服务。

例如，亚马逊推出了 Amazon Go 无人零售店，Amazon Go 运用的技术都是目前热门的前沿技术，如机器视觉、传感器融合、生物识别等技术。消费者在购物时只需要一个亚马逊账号，并在手机上安装亚马逊应用软件，Amazon Go 就可以通过货架上的红外传感器、压力感应装置及荷载传感器统计消费者的购物信息。另外，消费者的购物信息会实时传输至 Amazon Go 的信息中枢，这一过程中很迅速，消费者的购物操作也十分方便。

阿里巴巴也推出了无人零售店"淘咖啡"，淘咖啡集购物、餐饮于一体，可容纳 50 人以上。淘咖啡具有生物特征自主感知和学习系统，能够精准识别真人，同时，蚂蚁金服为淘咖啡提供物联网支付方案，为消费者提供优质的购物服务。消费者在进店购物前需要签署数据使用、隐私保护等方面的条款，同时签署支付宝代扣协议，签署后在购物及结算的过程中都不再需要手机，当消费者通过感应门离店时，结算也随之完成。

未来，随着 5G 的逐渐成熟和普及，其将为无人零售提供更优质的网络服务，这将使无人零售店内各系统的运转更加快速，使消费者的购物之旅更流畅。

7.2.4　加强会员管理，优化服务质量

建立会员体系是商家提升消费者黏性的重要途径，消费者黏性越高，商家的发展也会越长久。因此做好会员管理，提高消费者黏性是商家运营的重要内容。

传统的会员模式转化率低、流失率高，同时，会员体系过于繁杂，各品牌会员权益无法互通，这也大大降低了消费者的购物欲望。

而在 5G 时代，商家能够通过对会员模式的升级更好地留存消费者。会员优惠将不再局限于会员折扣与会员积分换购上，在大数据的支持下，更多的会员优惠和会员卡模式能够帮助商家留存消费者，同时消费者也能够获得更多实惠。

新零售场景下的会员体系与传统会员体系有很大的不同，会员卡不再只局限

于某一品牌，其适用范围将得到扩展。

例如，阿里巴巴在 2018 年 8 月 8 日推出的"88VIP"就是新零售模式下的会员体系。"88VIP"中所包含的优惠不止局限于淘宝购物平台，也包含了线下购物、娱乐、餐饮等的各种优惠，是"一体化"的会员模式。消费者在办理了"88VIP"后，能够获得全方位的会员服务。

"88VIP"这种会员体系不仅能够吸引更多的消费者办理会员，而且还能够提升会员对阿里巴巴的归属感和认同感，有助于阿里巴巴会员社群的发展壮大。同时，消费者在日常生活中也能够享受这种互通的会员卡所带来的便利。

总之，新零售模式下的会员体系将更加完善，互通的会员体系不仅打破了各品牌间的信息壁垒，实现了数据互通，而且还会给消费者提供更好的消费服务。

7.3 巨头如何布局 5G+新零售

在经济发展与技术的推动和 5G 的支持下，线上与线下相结合的新零售模式获得了快速发展，服务质量和购物体验得到了提升。在这种形式下，诸多零售企业依托各种先进技术布局新零售领域。

7.3.1 苏宁：打造全场景的销售模式

2019 年 2 月，苏宁收购了万达百货下属的 37 家百货门店，以整合线上、线下资源，打造全场景式百货零售业态。苏宁对万达百货进行了数字化变革，利用大数据、人工智能等新技术，打造全新的销售模式，提升消费者的购物体验。

近年来，苏宁在全场景的新零售销售模式中不断探索、创新，陆续推出了"苏宁小店""苏宁极物""苏宁零售云"等新零售项目。目前，苏宁线下店铺已突破一万家，为新零售模式的转型进行布局，而收购万达百货也是其新零售布局中的

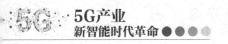

一部分。

2019 年 9 月，苏宁完成了对家乐福（中国）的收购，将家乐福（中国）纳入自己的商业版图中，对全场景零售进行了进一步布局。这体现了苏宁在全品类营销方面的突破，补足了苏宁在快消品方面的不足，使其进一步实现全产品、全场景运营。

2019 年"双 11"促销活动是苏宁全场景布局中的重要战役，苏宁也在这场战役中展现了全场景布局的成功。苏宁官方数据显示，"双 11"当天，苏宁全渠道订单量增长 76%，物流发货完成率为 99.6%，移动支付笔数同比增长 139%。

在不断完善场景的同时，苏宁"服务是苏宁唯一的产品"的理念也从未变过。以"场景零售"为核心，苏宁打造了 1 小时场景生活圈，聚焦消费者需求，通过多业态部署和多层次网络布局，能够在 1 小时内解决消费者的购物需求。依托万余家"门店仓+前置仓"布局，苏宁的即时配送服务已覆盖了生鲜、母婴、生活家电、数码产品等许多品类，能够实现 1 千米 30 分钟送货到家、3 千米 1 小时送货到家的极速配送，提升对用户的服务水平。

在未来，场景零售将成为苏宁最具差异性的优势，不断提升苏宁的竞争力。

7.3.2 京东：重塑"人、货、场"

2017 年，京东提出了"无界零售"的销售模式，其本质是打破销售供应链和服务链之间的壁垒，重塑"人、货、场"的概念，提升消费者购物体验，提高企业效益。

销售的基本要素构成是"人、货、场"，无界零售则重构了"人、货、场"的形式，重塑了三者之间的关系，这三者也体现了京东无界零售的布局，如图 7-6 所示。

图7-6　京东无界零售的布局

（1）人企无间。

未来，消费者能够参与到产品的设计与研发环节中来，制作出独特的个性化产品，消费者与企业之间的壁垒将被打破，二者也能够建立更加亲密的信任关系。

（2）货物无边。

在传统零售行业中，商家占据着主导地位，商家生产什么产品，消费者就购买什么产品。而在无界零售中，消费者将占据主导地位，产品的个性化定制将成为趋势。随着大数据对产品设计、销售、服务等环节的渗透，未来的产品种类将会更加全面，更能满足消费者的个性化需求。

（3）场景无限。

在无界零售的销售模式下，销售场景将不再固定，空间场景与时间场景都将不受限制，消费者能够随时随地进行消费。

空间无限。无界零售中，生活场景即销售场景，消费者处于任何地方时都能够进行购物。为此，京东推出了百万便利店的计划，其目的是覆盖消费者生活中的每一个角落。

时间无限。线下商店往往拥有固定的营业时间，消费者的购物也存在时间限制。在未来，无界零售将会打破购物的时间限制，消费者在任何时间都可以进行购物。

无界零售通过重塑"人、货、场"三者之间的关系，能够提高企业的生产与

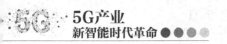

销售效率，满足消费者多样化、个性化的购物需求。而要想实现无界零售，就需要打通场景、数据等方面的界限，实现场景联通、数据贯通、价值互通。

（1）场景联通。

实现场景无限本质上需要对场景进行联通，通过大数据中的定位信息、人脸识别信息等各类信息实现不同场景间的衔接。而线上与线下销售场景的结合也能够将原本零散的场景联通起来，形成全场景的销售模式。

（2）数据贯通。

随着5G网络的逐渐普及，大数据分析的应用范围将不断扩大，其分析结果也将更加智能。数据的贯通能够为无界零售提供必要的数据支持，使各场景中的销售模式更加科学。

（3）价值互通。

价值互通是指将不同场景下的消费者关系和资产相结合。例如，新零售下的会员体系就是在不同场景下为消费者提供相同的权益，实现会员体系的价值互通。

在无界零售方面，京东进行了许多探索。

在业务层面，京东打造了"京X计划"，与腾讯、今日头条、百度等企业合作，打通数据与场景壁垒，连接消费者。同时，京东打造了线下零售店"7Fresh"。7Fresh是超市、饭店及商品线下体验店，是线下零售店的升级演化。

在技术层面，京东从战略方面确定了"技术引领"的方向，积极引入人工智能、大数据方面的人才，并积极与具有相应先进技术的研究机构展开合作，不断提升企业的技术水平。

总之，无界零售的发展是一个循序渐进的过程，更多先进技术的融入、更多的企业联合在一起，才能更好地推动无界零售的发展。在这方面，京东十分重视对大数据、物联网、人工智能等先进技术的应用，也积极寻求与其他企业的合作，致力于推动无界零售的发展。

第 **8** 章

5G 与农业，全方位的智能化

截至 2019 年 11 月，我国粮食、棉花、油料、蔬菜、水果、肉类、禽蛋、水产品产量均居世界首位。作为一个农业大国，农业的发展对我国经济的影响是十分重要的。5G 的出现能够加速我国农业数字化发展的进程，使农业生产实现智能化、自动化，这不仅能够节省人工，而且还能够提高农产品的质量和产量。

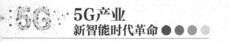
8.1　5G 实现农业的智能化

5G 在农业中的应用能够提高农业活动的智能化、自动化水平，实现农业生产、农业活动管理、劳动力管理的智能化。在 5G 的支持下，农业资源能够被充分整合并合理利用，提升农业资源的利用效率。

8.1.1　生产智能化：实现精准种植、精准养殖

要想实现农业生产的智能化，就离不开各种智能设备的支持，而智能设备需要通过网络运行。在 4G 网络下，智能设备虽然可以运行，但是 4G 网络在传输速率、网络稳定性方面存在缺陷因而无法实现精准控制。5G 能够为智能设备提供具有高传输速率、低时延特性的稳定网络，保证智能设备稳定、精准地运行。

在 5G 的支持下，农业生产智能化得以实现，主要表现在以下 3 个方面，如图 8-1 所示。

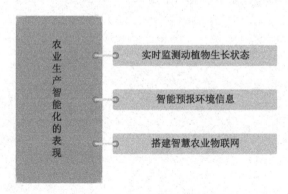

图 8-1　农业生产智能化的表现

1. 实时监测动植物生长状态

借助 5G 网络，无人机、温湿度监测仪器等能够实时监测动植物的生长状态。相较传统农业中的人工监测而言，各种智能设备能够更加全面地监测动植物的生长状况，同时能够节省人工，提高监测效率。

利用智能设备对动植物生长状态进行监测，能够及时、准确地反映动植物生长中的问题。技术人员只需要坐在终端前查看监测数据，就能够得知所有监测地区的动植物生长情况，如了解哪片农作物缺水缺肥、哪些动物生病了等。技术人员可以根据这些状况快速做出响应，使动植物得到更加精确、科学的管理。

2. 智能预报环境信息

在传统农业模式下，人们很难辨别农场的土壤变化、空气湿度变化，以及对天气做出预测。在 5G 应用于农业中后，智能设备能够全面监测土壤、空气湿度、气温及天气的变化情况并向人们做出预报。

在 4G 网络覆盖下的智慧农场中虽然也拥有此类设备，但由于网络性能不高，设备的精确度难以保证。而 5G 网络比 4G 网络更加精准、快速，人们可以在农场或牧场中安置高精度的土壤及温湿度传感器等监测设备，这些设备能够实时对周围的环境进行监测，在恶劣天气即将到来时能够迅速做出预报，提醒人们提前做好准备。最终使农作物或养殖动物的成活率得到提高，实现精耕细作、合理养殖的目的。

3. 搭建智慧农业物联网

目前，我国已经出现了多个 5G 智慧农场的试点，其中引入了各种传感器、探测器等，并搭建了智慧农业物联网系统，各种智能设备依托物联网有序运行。这些仪器和终端的数据互通，技术人员可以明确得知当前农场的空气湿度、土壤营养状况、温度、二氧化碳浓度、天气状况等各种信息，根据这些

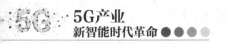

信息技术人员通过终端对农场的整体环境做出判断并发出调整指令，让农作物得到科学的管理。

5G 在农业中的应用能够实现智能化生产，智慧农业物联网的搭建、各种智能设备的使用都离不开 5G 的支持。同时，智能化生产能够实现对农业生产活动的科学管理，从而实现精准种植、精准养殖。

8.1.2 管理智能化：监督+自动预警

农业管理是农业生产中非常重要的一个环节，5G 在农业的智能化管理中起到了非常重要的作用。依托于 5G、人工智能、物联网、大数据等技术，各种智能的农业生产管理系统将被建立。实现农业管理智能化的方法有以下 3 个，而这 3 个方法都离不开 5G 的支持，如图 8-2 所示。

实施农业大数据工程

健全农业预警平台

完善农产品质量安全追溯系统

图 8-2　实现农业管理智能化的方法

1. 实施农业大数据工程

农业大数据系统将在 5G 的支持下获得发展。搭载 5G 网络的农业大数据系统能够收集到更丰富、全面的数据，同时其对数据的分析能力也将大大提升。全面的大数据收集与精准的大数据分析能够提高农业活动管理的科学性、智能性。

2. 健全农业预警平台

在 5G 的支持下，遥感技术、北斗卫星定位系统、地理信息系统和物联网技术等都能够应用于农业活动管理中，以便健全农业预警平台。配备各种智能系统与智能设备的农业预警平台能够对农作物的生产过程进行监测，从而对自然灾害或动植物疫情等做出预警和紧急防控。

3. 完善农产品质量安全追溯系统

利用 5G 对农产品进行全面监测和管理能够使农产品的质量安全更有保障。在 5G 的支持下，农产品质量安全追溯系统能够对农产品的种植、生产管理、采摘、运输的全过程进行记录。当农产品出现了质量问题时，系统能够迅速追根溯源，找到问题产生的源头，从而及时解决问题。健全的农产品质量安全追溯系统能够确保农产品的安全性，使人们更加放心。

在 5G 的支持下，农业管理的智能化能够得到进一步加强，对农作物情况的监测和预警也会更加准确和及时，农作物的产量和质量也将获得提升。

8.1.3　劳动力智能化：流程化管理，节省人工成本

5G 应用于农业后，许多重复性劳动都能够通过智能设备进行，这将大大节省农业生产中的人工成本。同时，在农业活动管理中，智能系统也能够取代部分人工，这些都将解放农业劳动力并实现劳动力的优化。

智能系统能够实现农业生产与管理的自动化，智能设备控制的精准性也会强于人工控制。例如，在温度调节方面，智能设备对温差的感应是瞬时的，在几乎没有时延的 5G 网络覆盖下，智能设备可以瞬间完成对温度的调节。及时、智能的管理能够为农作物提供良好的生长环境，从而提高农作物的生产效率。

依托 5G，农业的生产和管理都更加智能化，劳动力也会得到优化。一方面，智能化的生产、管理可以精确地计算出一定量的农业生产活动需要多少人工，保证了人工的合理利用。另一方面，智能设备在农业生产与农业管理中的应用也将越来越多，如浇水、施肥、采摘等都可以用智能设备进行，使农业生产和管理更

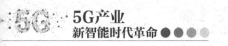
高效。

在 5G 网络全面覆盖的农场中，各项智能设备都能够根据采集的数据为农作物营造出最佳的生长环境。中兴通讯就曾演示过 5G 智能设备在农业中的应用。在应用场景演示中，中兴通迅使用无人机对一片土豆种植区进行拍照与数据采集，当采集结束后，无人机通过 5G 网络将照片传输至服务器终端，终端在接收到数据后立刻制订出了对这片土豆种植区的保护计划。

在中兴通讯的实验中，照片从无人机传输到终端再由终端分析后回传的这一过程，在 4G 网络环境下需要 2 天，在 5G 网络环境下仅需 2 个小时。这展现了5G 应用于农业管理的可行性和优势。农业生产管理的智能化节省了人工成本，对农作物的实时保护也能提高农业生产的利润。

2019 年 10 月，浙江省也成功开启了"5G 智慧农场"项目，在农业博览会上，5G 智慧农场的工作人员用 5G 手机实现了对智慧农场各项生产环节的精准操控，原本需要多人劳动的环节现在只需要一部 5G 手机和智能设备就能瞬间完成。浙江省的湖州市也开始研发各种智能设备进行农业活动，这些智能设备的出现在提高了农业生产效率的同时也节省了人工成本，使更多的人能够从重复性的劳动中解放出来，投身到更有价值的劳动中去。

8.2　5G 时代，农业展现新景象

5G 时代的到来能够为智慧农业和数字农业带来新的发展。以往受限于网络环境而无法实现的实时监测、可视化监控等系统都能够在 5G 的支持下一一实现。

8.2.1　全程追溯，农产品更安全

农产品的安全问题一直是消费者关注的焦点。近几年来，各种无公害蔬菜和

水果、精饲肉类等纷纷出现，销售情况也很不错。这都是消费者注重农产品安全问题的体现。

但在很多情况下，消费者无法判断一款标注着纯天然、无公害的蔬菜在培育过程中是否真的纯天然、无公害，也无法判断标明精饲猪肉在猪的成长过程中是否确实没有被注射过催熟剂。这时，依托 5G 打造的完善的农产品追溯系统能够解决消费者的难题，让消费者可以追溯农产品的生产及运输过程。

在农产品生产环节，系统会记录下农产品的生产过程，包括农作物的土壤情况、种植时间、作物种类及化肥和农药等的耗费情况等，同时也会将农作物的长势、气候情况、灾害信息、田间管理等记录在案。在加工环节，系统会记录加工批次、工序、保质期等信息。在物流环节，系统会记录农产品的物流环境与物流信息等。

消费者购买到农产品后，可扫描农产品二维码来获取农产品的产地、生长过程等信息，农产品出现问题可有效追责，追溯系统的应用有助于保障食品安全。

近年来，为了迎合消费者对健康的追求，各种农产品追溯系统层出不穷。而 5G 的应用能够让各种可视化追溯信息的传输速率加快，让农产品的生产、加工、运输、销售等各个环节的数据被更加完整地记录下来，实现对农产品质量的监督，促进农产品种植和养殖过程的透明化和公开化发展。

如果把农产品的供应链比作一辆车行驶的轨迹，那么对这辆车从出发点到终点的行驶轨迹进行记录后的数据就是对这辆车的正向追踪。如果这辆车在行驶过程中车胎被钉子扎到，当车主想要了解扎到钉子的准确路段时，那么就需要调出这辆车的行驶轨迹来进行反向排查。但这辆车在行驶时产生的信息数据复杂且数据量庞大，车主在处理这些数据时会花费大量的时间。而 5G 的出现则能够为车主有效减少排查数据时所花费的时间。

同理，当农产品出现问题时，商家也能够通过农产品追溯系统对农产品的运输过程、加工过程和生产过程进行排查。在 5G 的支持下，商家对农产品产生问题的关键节点的寻找效率会更高，在寻找到问题关键节点后，商家也能够迅速对

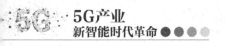

问题点做出处理。

农产品追溯系统不仅能够让消费者在购买农产品时全面了解农产品的相关信息,而且也能够在出现问题时帮助商家进行判断,降低商家和消费者的损失。

8.2.2　整合农业资源,助力科学决策

在传统农业的生产模式下,农业信息化程度较低,因此在农产品的生产和销售方面往往会存在很多问题,而整合农业资源能够助力科学决策。整合农业资源即整合农业生产过程中的各种信息,利用大数据分析实现对农业生产的科学决策,从而提升农产品的产量和销量。

5G、大数据、云计算、物联网等技术在农业领域中的应用为建立农业大数据平台提供了基础,农业大数据平台可整合各路资源,实现资源的共享和交换。

农业大数据平台包括农业大数据共享管理平台、农业数据公共服务门户等,能够在整合资源的基础上,开发各类农业大数据应用,实现大数据与农业的深度融合。

1. 农业大数据共享管理平台

农业大数据共享管理平台具有数据接入、数据管理、共享交换、数据分析、数据报表等功能,可实现农业数据资源共享。省、市、县农业数据可共享、交换;企业数据、市场农业数据可接入和共享。

2. 农业数据公共服务门户

农业数据公共服务门户面向公众提供农业资源目录、数据检索、数据应用服务等数据服务,支持各类数据需求企业利用数据资源开发农业大数据应用。

农业大数据平台能够整合各种农业数据资源,包括土地、气象、种植业、畜牧业、渔业、农产品加工业等各方面的数据资源,充分发挥收集、分析数据能力,

通过多维度展示，帮助农业部门、涉农企业做出科学合理的决策。

8.2.3　数字农业：5G 推动数字农业发展

数字农业是指将计算机技术、遥感技术、网络技术和自动化技术等技术与农学、植物学、地理学等生物学科相结合，在农作物的生长过程中对其进行实时观测，并能够通过收集的信息预测出农作物生长环境中的各项数据变动，以实现合理利用农业资源并使农作物增产的农业模式。

近年来，我国数字化农业已有所发展，然而受网络的限制，农产品生长的可视化、数字化等信息都无法完整地展现出来。而 5G 网络的出现能够推动数字农业的全方位发展，如图 8-3 所示。

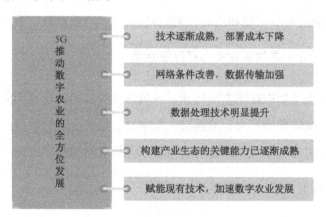

图 8-3　5G 推动数字农业的全方位发展

1. 技术逐渐成熟，部署成本下降

在数字农业发展之初，实现数字农业所需的定位系统、土壤温湿度探测器、物联网处理器等各种智能设备的价格相对高昂，全面部署数字农业的建设成本较高。近年来，由于生产技术的不断进步，部署数字农业所需的智能设备的价格也在逐步下降，全方位部署数字农业的成本也随之下降。

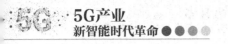

2. 网络条件改善，数据传输加强

对于数字农业的部署而言，采集农业数据并传输到终端是极为重要的一环。而高传输速率、低时延的5G网络则为数字农业的数据传输提供了强有力的保障。未来，依托于5G网络，各项农业数据能够实时传输到终端上，检测人员能够根据这些信息对农作物的生长情况及时做出调整。

3. 数据处理技术明显提升

在5G网络的支持下，农业大数据系统能够收集到更全面的信息并进行更准确的数据分析。各种智能设备也能够准确地抓取关键数据，对数据进行分析并学习。数据处理技术的提升能够提高数据分析的准确性、提升智能设备操作的精准性。这将提升智能设备监测和系统预测的精准性，从而推动数字农业更好地发展。

4. 构建产业生态的关键能力已逐渐成熟

近年来，人工智能技术发展迅速，各类智能设备的云计算功能已趋近成熟，而各种新型辅助软件的开发也能够降低数字农业相关企业的入门门槛。构建产业生态的关键能力已逐渐成熟，这能够带动农业物联网和数字农业的发展。

5. 赋能现有技术，加速数字农业发展

在5G的支持下，发展数字农业所需的多种技术都能够实现进一步发展，这为农业数字化的开展提供了保障。5G是推动数字农业发展的加速器。

随着5G时代的到来，5G能够进一步促进推动数字农业发展的各大智能设备厂商、农场、供应商等诸多环节的连接。在5G的赋能下，数字农业能够实现技术革新。

8.2.4 5G 海洋牧场：科学水产养殖

作为智慧农业发展的一部分，水产养殖业的智能化发展也是大势所趋。传统的水产养殖几乎完全依赖人工操作，因此水产养殖的产能并不高。当遭遇突发情况时，养殖人员如果没有迅速进行反应也会造成很大的损失。5G 海洋牧场的出现使水产养殖更加智能，5G 海洋牧场的优点如图 8-4 所示。

图 8-4 5G 海洋牧场的优点

1. 高速传输，解决痛点

在数据收集与传输方面，相比海洋牧场的建设，陆地农场的建设更加困难。例如，2018 年获批为我国海洋牧场建设区的陵水就遭遇了数据收集与传输的问题。

在陵水建设海洋牧场养殖网箱时，因为缺少智能设备的支持，养殖网箱的日常管理只能由人工完成。信息化、自动化的智能管理模式需要更加优质的网络才能实现。而海洋牧场的养殖区距离陆地较远，铺设无线网络较为困难，同时 4G 网络传输速度慢和带宽小的问题也无法满足海洋牧场实时监控的需要。

5G 网络的出现完美地解决了这一问题，在 5G 网络的支持下，陵水的海洋牧场搭建了对网箱生物进行实时监测的在线监测系统，系统收集到数据后也能够通过 5G 网络将数据以最快的速度发送回监测终端。

2. 实时观测，减少损失

海洋牧场搭建的网箱生物环境在线监测系统能够对网箱中的情况进行实时监测，海洋牧场的工作人员能够通过监测视频实时了解网箱中水产的状况，能够及时发现养殖中存在的问题并及时进行处理。

除对网箱中的水产进行实时监测外，网箱生物环境在线监测系统也能够对网箱中的水质进行实时监测。当水质出现问题时，系统能够将警报发送回终端，提醒工作人员改善水质状况，减少水产的培育损失。

通过对水质的实时监测，以往因为水质问题而导致的水产产量下降的情况也在逐渐减少，有效避免了海洋牧场的损失，增加了海洋牧场的产出效率。

3. 整合数据，科学养殖

网箱生物环境在线监测系统能够在对网箱中水质进行综合监测的过程中，将多次监测中收集到的数据进行整合，工作人员能够通过这些数据做出更科学的决策，以改善网箱水质，提高水产的存活率和产量。同时该系统也能够对附近海域的暗涌运动、水文、波浪等情况做出预测，并能够根据海水量自动升降网箱内的安全水位，实现自动化、科学化的海产养殖，将生态修复技术与传统渔业进行有机结合，真正实现 5G 海洋牧场的新时代养殖方式。

8.2.5 智慧农业发展趋势：资源集约化+生产智慧化

智慧农业是农业生产的高级形态，集互联网、云计算、物联网技术为一体，依托在农业生产中部署的各种传感器和无线通信网络，使农业生产环境具有智能感知、智能决策、专家在线指导等功能。

20 世纪 80 年代，我国开始研究农业专家系统，包括作物栽培、病虫害防治、节水灌溉等方面，对智慧农业的研究就此起步。20 世纪 90 年代以来，智慧农业快速发展，智能机器人成为农业发展的新方向。进入 21 世纪后，大数据、云计算、物联网、5G 等新技术的发展推动了智能机器人在农业领域的应用，也极大地推动了智慧农业的发展。

我国在发展智慧农业的过程中，主要运用了各种监测器、传感器、无线传输等技术，并将所有收集到的数据信息上传至物联网进行资源整合，实现农业的智能化和自动化生产。在未来，随着 5G 网络的普及和各种先进技术的逐步成熟，我国的智慧农业的生产效率会进一步提高，实现资源集约化和生产智慧化。

资源集约化是指将资源整合，通过现代化管理手段合理分配资源，以降低成本、提高效率，从而获得最大效益。随着土地规模化发展，精准灌溉等精细化管理方式将会逐渐普及。

生产智慧化是指在农业物联网的覆盖下，各种智能设备能够收集土壤温湿度、空气湿度、气象、农作物生长状况等各项基础数据，并通过对数据的分析，实现对作物的智能感知及管理，实现生产智慧化发展。

传统农业发展缓慢，主要是资源浪费、环境污染、生产效率低等原因导致的，而智慧农业将解决传统农业发展的这些弊端，以 5G、人工智能等新技术赋能农业发展，促进农业的精细化管理，在节省人力和各种资源的情况下，实现效率的提高和效益的增长。

5G 和人工智能、物联网等技术在农业领域的融合应用能够加速智慧农业的发展。未来，智慧农业的发展将会出现如图 8-5 所示的 4 种趋势。

1. 人工成本降低

随着智能农机的普及，在农业生产中所需的劳动力会明显下降。这能够有效解决我国当前农业劳动力不足的问题，同时能够使更多的劳动力从机械性、重复的作业中解放出来，并能在其他岗位上创造更多的价值。

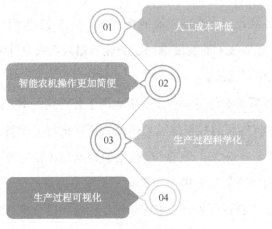

图 8-5　智慧农业的发展趋势

2. 智能农机操作更加简便

在未来的智慧农业中，智能农机的操作会更加简单。同时智慧农业物联网的发展也能够帮助农民熟悉智能机械的操作。让农民充分了解智能农机系统，能够独立完成对智能农机的操作是未来智慧农场的重要发展目标。

3. 生产过程科学化

通过智慧农业物联网的连接，各大农场之间的数据能够互通共享，同时也会有更多的农科专家在线远程指导农场的生产。5G 的普及能够使农科专家的线上指导更加立体，而农科专家也能够通过 5G 网络的传输清晰地看到农作物的生长状况。

4. 生产过程可视化

未来，在 5G 及物联网等技术的支持下，农业生产的可视化将会实现。农民可根据实时的可视化生产过程调整生产决策，使农业生产更加科学。同时消费者也能够随时通过智慧农业物联网观看到农产品的生产过程。当消费者购买了农产品后，也能通过扫码等形式对农产品进行溯源。农产品生产过程的可视化能够使消费者在购买农产品时更加放心。

随着智慧农业的不断发展，各项农业生产成本不断降低，而产量则在逐渐提高。同时，随着人工智能、物联网技术的日趋成熟，5G 网络部署的逐渐完善，以及超大规模的无线传感器监测技术的不断发展，农业生产与管理将变得越来越智能化。

第 **9** 章

5G，打造智慧城市

智慧城市的建设是提升城市居民居住体验的重要方式，智慧城市旨在利用各种现代化信息技术全面优化城市管理系统并提升城市资源的利用效率。在以往的网络条件下，建设智慧城市所需的数据收集与整合环节总是无法很好地连接上，而5G网络的出现能够解决这一问题，实现智慧城市的全面建设。

9.1 5G 与智慧城市

近年来，全球许多国家都在进行智慧城市的建设，但建设智慧城市并不是简单的事情。城市的各项数据庞杂交错，想要处理这些数据就需要更加稳定、快速的网络，5G 网络能够为智慧城市的建设提供网络上的支持。5G 将加快智慧城市建设的脚步。

9.1.1 什么是智慧城市

基于物联网技术的飞速发展，智慧城市成为近年来的热门话题。智慧城市的核心是利用各种智能设备和大数据为人们带来更加智能化的现代城市生活。智慧城市的建设不需要推翻原有的城市架构，而是以现有的城市架构为基础，利用更多的智能设备辅助城市活动，让人们在城市中的生活更加便捷。

维也纳理工大学曾提出衡量智慧城市标准的 6 个维度，分别是经济增长、出行便捷、环境舒适、智慧居民、生活安全及治理公正。这 6 个维度能够全面地展现出智慧城市的架构。概括地讲，智慧城市建设的目的是在改善居民生活环境的基础上做到城市资源的最优划分。智慧城市基础建设包括 3 个类别，它们分别是：社会治理、市民服务及产业经济，如图 9-1 所示。

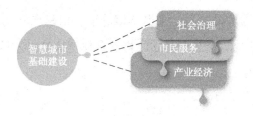

图 9-1 智慧城市基础建设

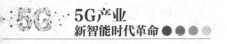
1. 社会治理

社会治理是智慧城市建设的重要内容，其主要包括智慧交通、应急管理、公共安全等。

（1）智慧交通。

完善的智慧交通体系是智慧城市建设的基础。建设智慧交通体系需要统筹规划城市中的所有车辆、行人的数据，在每个路口设立监测站，实时监测城市的交通状况。当有紧急交通情况发生时，智慧交通系统应能够及时发出警报并处理。

（2）应急管理。

智慧城市的应急管理包含多个方面，如对消防、交通、突发事故等情况的应急管理。当城市中发生紧急情况时，应急系统能够及时通知附近相关人员撤离现场或进行事故处理。

（3）公共安全。

公共安全包括公共人身安全和公共财产安全等。智慧城市不仅能够通过健全信用机制，保障城市居民的公共安全，而且能够对公共场所进行全面、实时的监测，在发生危害公共安全的事件时能够及时采取应对措施。

2. 市民服务

智慧城市能够全方位地为市民进行服务，服务内容主要包括智慧医疗、智慧教育、智慧社区等。

（1）智慧医疗。

智慧城市可以为居民建立一张电子信息卡，信息卡中记录着居民的身体数据，当居民身体不适时，信息卡会立即将其身体健康数据发送到终端上，并快速为其规划出治疗方案。

（2）智慧教育。

智慧教育系统的建立可以促使学校与家庭教育的融合，实现共同教育。当出

现暴雪、暴雨等恶劣天气状况且学生上学不便时，教师可以通过智慧教育系统开展全息远程授课，学生在家也可以轻松学习。

（3）智慧社区。

智慧社区的建立能够有效加强社区服务，增强社区间人与人的沟通，为社区居民提供更加舒适的生活环境。

3. 产业经济

产业经济的发展是智慧城市的命脉。加强对智慧工厂、智慧农场的建设能够在节省人力资源的同时提高智慧城市的经济效益。

（1）智慧工厂。

依托 5G、人工智能、物联网等技术建设智慧工厂能够加快工厂的生产效率，为智慧城市创造更多效益，同时，也能够有效减少工厂排污，使智慧城市更加环保。

（2）智慧农场。

智慧农场的建设能够解决因农业劳动力不足而导致的农产品产量低的问题。建设智慧农场能够使城市居民有更多的食品选择，同时智慧农场的追溯机制也使城市居民更加安心。

9.1.2　5G 助力智慧城市的打造

近年来，我国为提升公共服务质量，优化城市资源分配，提高城市居民生活水平，已在多地展开了智慧城市的建设。目前我国正在建设的智慧城市已达 500 座，智慧城市试点也有 290 座，但在 4G 网络覆盖的场景下，智慧城市中的许多智能应用计划还不能很好地实现。

建设智慧城市就需要拥有能够承载智慧城市数据的智能平台，智能平台中海量的智能终端能够对智慧城市中各方面的数据进行实时收集并分析。想要终端能

够快速接收并处理智慧城市中的各项数据,就需要稳定且响应迅速的优质网络的支持。而高传输速率、低时延、大带宽的 5G 网络能够支持更多智能终端的接入,也能够使各终端间实现实时的数据交互,这无疑能够提升终端收集、处理数据的效率。

5G 网络的覆盖能够从助力智慧交通建设、加强数据传输与分享、助力智能公共服务设施建设等方面助力智慧城市的建设,如图 9-2 所示。

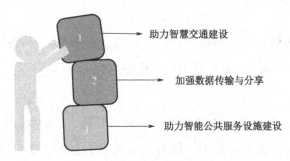

图 9-2　5G 助力智慧城市建设

1. 助力智慧交通建设

智慧交通建设是智慧城市建设的基础,良好的交通状况能够提高城市居民的生活质量和效率。同时,智慧交通的建设是复杂的,其仍面临着一些难以解决的问题。例如,城市中智能信号灯的调度就是一大难题,智能信号灯要能根据不同时段车流量的不同调整红、绿灯的显示时间,但要实现精准的调整所需要处理的数据是十分复杂的。

4G 网络虽然能够支持智慧交通系统的正常运行,但在处理过多数据时,4G 网络的反应速度相对较慢,在将数据传输到终端时,4G 网络的时延也很高。在 4G 网络下,智慧交通系统难以充分发挥作用,而 5G 网络则弥补了 4G 网络的种种不足。

在 5G 网络的支持下,交通高峰时间的复杂数据也能够被迅速接收并处理,而且 5G 网络还能够存储更多的历史数据,并结合历史数据对交通情况做出预测和分析。高速的 5G 网络不仅能够使城市居民准确、快速地接收路况信息并做出规划，而且也能使交通部门及时做出交通调度等判断，提升居民的出行体验。

2. 加强数据传输与分享

在智慧城市建设的各个环节中，都需要各种智能设备采集城市信息，大量的数据信息在 4G 网络下难以快速传输，而 5G 网络能够有效地解决这一问题。在小基站普及的背景下，5G 网络能够覆盖更多的场景，由此智能设备能够采集到更多的数据。同时，5G 网络能够连接更多的智能设备，为智能设备提供高传输速率、低时延的网络，这将大大提升智能设备收集和处理数据的效率，加强数据的传输与分享。

3. 助力智能公共服务设施建设

建设智慧城市的目的是提升城市居民的生活水平，因此智能公共服务设施的建设是必不可少的。智能公共服务设施（如智能停车系统等）在 5G 的支持下，反应将会更加迅速，在几秒的时间内即可生成电子存车记录并进行扣费，这将大大提升居民的出行效率。

除此之外，5G 以其高传输速率和低时延的稳定网络系统能够在智慧城市建设的各个方面发挥作用，城市居民的生活质量也将因此得到提升。

9.2 智慧城市应用场景

智慧城市的应用场景包括很多方面，基于 5G 网络，智能交通系统、智能照明系统都可成为现实。同时，在电网系统、城市安防方面，5G 也能够发挥重要作用。

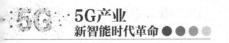

9.2.1 智慧交通系统：智能管理并解决交通问题

智慧交通的建设是智慧城市建设的基础，在建设智慧交通的过程中，智慧交通系统需要收集的数据过于庞杂，同时 4G 网络的时延过高，难以支撑系统的稳定运行。5G 网络的出现能够解决上述难题。

在建设智慧交通系统的过程中，为了能够监控并掌握所有车辆的运行情况，实施车辆登记措施是必不可少的。未来，区块链技术与 5G 网络结合在一起，能够在车辆认证方面发挥作用，可以确保登记信息的安全性，并加强对车辆信息的管理。

区块链技术是一种分布式存储技术。在存储方面，区块链技术的分布式存储方式具有很大的优势，它具有不可篡改性和可追溯性，而 5G 网络为其应用提供了技术支持。5G 与区块链技术应用于车辆认证方面后，能够保证数据的安全、透明，并且任何人都不能篡改或伪造数据，这能够使对车辆的认证管理更加安全。

同时，5G 能够助力车联网的快速发展，车辆之间能够进行数据信息的实时交换，同时各项智能交通设施也将与车辆产生的数据进行信息交换。驾驶员能够通过数据信息了解道路交通情况，从而做出合理的出行规划。

在智慧交通系统的建设过程中，智慧停车系统的建设也是难题之一。随着人们生活水平的日益提高，私家车的数量在逐渐增加，为了提升人们的出行体验，调整停车位资源成为建设智慧停车系统的一大重点。

5G 在交通领域的应用使智慧停车成为现实。新西兰 ITS（智慧交通系统）基金会已将 5G 网络引入了智慧交通系统中，建设了能够应用在停车场中的智能网络系统。该系统通过对 3 个平台的打造，解决了车位资源分配不均的问题，如图 9-3 所示。

图 9-3　ITS 系统的 3 个平台

1. 物联网立体车库

将 5G 应用到物联网能够促进车联网的发展，使车辆与停车场建立起智能连接。驾驶员能够准确得知空车位的方向和位置信息，实现准确停车。

2. 车位流转平台

车位流转平台能够充分利用所有空缺车位的资源，使车位的利用效率得以提升。

3. 共享车位

在 5G 网络的支持下，智能停车系统能够根据车辆的行驶状况对驾驶员提示空余车位，实现车位信息的共享。

在传统停车场中，车位的入库数据是由人工输入的，因此在车流量较大的情况下，汽车停车入库的效率较低。而智能停车系统能够通过感应设备实现自动停车入库，数据的输入将更加及时、准确。

依托 5G 建立的智慧交通系统可实时提供车辆与车位信息，有效提高车位的利用率，为人们提供更加智能化的停车服务。

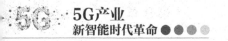
9.2.2 智能照明系统：充分利用资源

5G 与物联网的结合将推动智能照明系统的发展。智能照明系统能够根据道路的交通情况，对灯光的明亮程度进行适当调节。当道路上无人通过时，智能照明系统将降低灯光的亮度，以节约电力资源；当道路上即将有行人通过时，智能照明系统也能够及时提高灯光亮度，以满足行人的照明需求。智能照明系统能够为人们的出行提供便利，同时也节约了更多的电力资源，有助于打造绿色环保的智慧城市。

美国的圣迭戈市率先引入了智能照明系统，其在路灯中配置了智能软件与传感器，以保证智能照明系统能够时刻监测并预测交通情况，实现及时的灯光明亮程度的调节。在引用智能照明系统后，圣迭戈市每年能够节省约 190 万美元的电费。

在智能照明系统中，不仅照明模式更加智能，而且路灯杆也增加了新的用途，实现了一杆多用。在智能照明系统中，路灯杆将会成为收集数据信息的小型信息平台，路灯杆之间也能够实现数据共享，从而实现对道路交通的精准监控。

智慧型路灯的灯杆中会被安装摄像头，除对交通情况进行监控以便调节灯光亮度外，监控摄像头内置的面部识别系统也能够帮助警察追查罪犯、追寻失踪人口等。例如，旧金山利用智能照明系统中拥有的无线传感技术，对道路进行检测。当感应到枪支时，传感器会自动开启警报与定位装置，将检测到的枪支信息传送给有关部门，帮助有关部门减少前期的响应与部署时间，提高办案效率。

同时，灯杆中也会安装能够发射信号的基站和环境识别装置。利用这些装置，灯杆能够收集到更多的环境数据，在对这些数据进行处理后，及时上传到终端中，以便工作人员对信息进行处理和分析。智能照明系统的灯杆下半部分会配备充电桩，可以供电动类车辆充电时使用。

智能照明系统是智慧城市建设中必不可少的设施。其不仅能够帮助城市节约电力资源，而且能够收集城市的各项数据，推动城市的发展。其内置的各项功能也能够为人们的生活带来更多的便利。

相比传统的照明系统，智能照明系统拥有强大的系统集成能力和自动化问题解决能力。传统照明系统在出现故障时往往需要相关人员进行故障排查和维修，耗费的时间较长；而智能照明系统能够实现自我故障排查与维修，能够节约更多的人力资源。

综上所述，智能照明系统的出现不仅能够为智慧城市提供照明服务，而且能够多方位助力智慧城市的运行，使人们的生活环境更加舒适。

9.2.3　智能电网：借助 5G 破解难题

智能电网是建立在高速双向通信集成网络上的电力传输网络。通过先进的设备和网络技术，智能电网能够实现大面积的电力输送，并且能够极大提高电力输送的准确性。同时，在 5G 的支持下，智能电网可实现更多的功能，如图 9-4 所示。

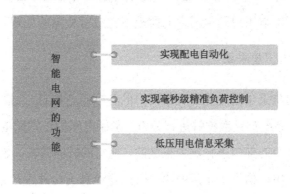

图 9-4　智能电网的功能

1. 实现配电自动化

5G 可实现电网的智能分布，实现电力输送自动化，而自动化配电方式也将

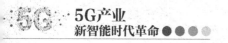

从各方面提高电力输送的效率。

（1）故障定位精准。当电网运行发生故障时，智能电网能够迅速确定故障点的具体位置，提高维修效率。

（2）非故障区域自动转代。当一个区域出现配电故障时，非故障区域将会接替故障区域为故障区域供电直至故障点维修结束，保障用户的正常用电需求。

（3）高度自动化。智能电网能够自动实现对故障区域的隔离和对非故障区域的自动转代，提高电网运行效率。

（4）故障处理自行完成。智能电网能够对故障区域进行自动维修，在维修的过程中不会影响到其他非故障区域的正常供电。

2. 实现毫秒级精准负荷控制

智能电网能够实现毫秒级的精准负荷控制，当电网出现故障时，智能电网中的稳控装置能够迅速切断过载负荷部分来保证电网整体的稳定运行。智能电网中的负荷控制通过低频压的装置进行负荷减载，能够防止电网运行崩溃，稳定电网的运行状态。同时，借助 5G 网络，智能电网能够精准划分目标对象，局部切断负荷，保证在不影响用户用电需求的前提下完成对故障的处理。

3. 低压用电信息采集

低压用电信息采集系统能够收集用户的各项用电信息，并根据这些数据对电网的电力配比、品质测量数据等进行分析，确保电网的正常配电。传统的低压用电采集往往是由中心部门进行集中采集的，耗费的时间较长，效率较低。而智能电网能够在低压用电信息采集后的第一时间将信息上传并进行分析，实现高效的数据分析，平衡电网的配电供求。

在构建智能电网的过程中，5G 的加入是必不可少的。在 5G 的支持下，智能电网系统会更加稳定，同时也能够实现更多的功能，实现智能电网的自动化运行，用户也能够获得更加良好的用电体验。

9.2.4 智能城市安防：改变实际应用

公共安全对城市建设而言是十分重要的。当前，视频监控技术快速发展，图像越来越高清，视频监控范围也逐渐覆盖到更多的地区，但视频监控的效果和价值并没有被完全发挥出来。

原因就在于安防系统需要人、设备、技术三方面的结合，而视频监控等设备会产生大量的图像信息数据，增加了工作人员的工作强度和图像回放的复杂性。因此，监控设备的价值和追溯的有效性就会受到影响。

要想解决这一难题，就需要提高监控设备的智能性。视频监控设备录入的全部内容中只有少数的关键部分才是有价值的。如果监控设备能够通过智能技术自行识别监视的焦点内容，那么，每次存储与传输的才是真正有价值的内容，才可以提高视频监控的效率。

我国的安防产业发展较快，但是传统安防系统中十分依赖人工，智能安防设施的普及度较低。而融入 5G 的智能安防系统能够解放人力，其运作也更加高效便捷。

例如，面部自动识别系统就是智能安防系统的重要组成部分。面部自动识别技术是生物识别行业中的重要技术。随着 5G、人工智能等技术的研发与应用，面部自动识别技术也随之发展，并在城市智能安防中起到了重要作用。智慧城市的建设离不开面部自动识别技术的应用，面部自动识别技术是判断身份的重要手段，在城市安防的各方面都能够发挥重要的作用。

首先，面部自动识别系统能够广泛应用于各类刑事案件的调查。城市具有人口流动频繁、人员结构较为复杂等因素，为案件的解决带来了难题。而通过面部自动识别系统，警察能够更顺利地进行对交通枢纽区域、各大商场或住宅电梯出入口、出入境进出口的排查跟踪工作。同时，面部自动识别系统的数据库中能够存储海量的面部数据信息，这些信息能够帮助警察提高对案件的调查效率。

其次，面部自动识别系统能够保障校园安全。在学校装入面部自动识别系统后，学生或家长进出校园需要进行验证，通过面部识别认证后才能进出校园。如果认证失败，则系统会自动拍照，并立即响起警报通知工作人员；如果认证成功，则系统会正常拍照并予以放行。无论识别认证成功或失败，系统都会自动拍照并记录，同时记录拍照时间。此外，系统还具有短信提示功能，家长可以通过手机查看照片，明确学生进出校园的时间。

最后，面部自动识别系统也能够应用在社区管理中。面部自动识别系统在社群中的应用，既能保障社区的安全，又便于社区管理。社区可依靠面部自动识别系统对外来人员进行管理，保障社区安全，也可以对社区内居民的出行进行管理，提升社区服务水平。

9.3　智慧城市应用案例

随着大数据、人工智能、物联网等技术的发展，智慧城市的建设也在逐步推进。在打造智慧城市方面，许多企业都积极创新，打造了自己独具特色的智慧城市系统。例如，阿里云推出了"城市大脑"系统，京东推出了智慧城市操作系统。

9.3.1　阿里云"城市大脑"

在打造智慧城市方面，阿里云推出了"城市大脑"系统。"城市大脑"以阿里云计算和大数据处理平台为依托，结合机器视觉、拓扑网络计算、交通流分析等技术，在互联网平台上实现城市海量数据的收集、实时分析和智能计算。

简单来说就是以城市数据为基础，实时处理大规模的多源数据，机器学习可以从海量数据中发现复杂的规律，而平台的各方协同能够制定全局最优策略。通过数据计算得出最佳需求匹配资源方式，使资源得到合理分配与利用。同时，"城市大脑"具备先进的人工智能系统，具有信号灯优化、交通信息实时感知等功能，并孵化出一系列领先的技术。

在推出"城市大脑"后，阿里云也积极与各大城市进行合作，推动该系统的落实。杭州作为首批使用阿里云"城市大脑"系统的城市，目前已经实现了城市交通的智慧调度。

杭州的"城市大脑"的数据结构显示清晰，工作人员能够一目了然地获取图中所有的交通数据，并根据数据做出调度。同时，在出现交通问题时，"城市大脑"也能够及时发出警报，在杭州主城区，"城市大脑"平均每天事件报警超过500次，准确率达92%。如今，在"城市大脑"的支持下，杭州市民出行道路更加顺畅，在出现交通问题时，相关人员也能够更快到达现场。

"城市大脑"在处理交通问题时最能体现其智能之处。例如，当路面上突发一场车祸，需要救护车对伤者进行急救时，为了救护车能够尽快到达事故地点，"城市大脑"会对交通系统进行调控。在"城市大脑"的调控下，交警会接收到信息并迅速赶往事故地点疏散人群，而信号灯也能够在救护车到来时变为绿色方便救护车的通行。

"城市大脑"在运行的过程中，会对大量的交通数据进行整合及科学分析，能够精准预测出某一时段某路口的车流量和车辆类型等。这使"城市大脑"对交通系统的管理更加智能。

城市的交通路况是非常复杂的，庞大的车流量、复杂的交通网络等都会增加相关人员判断交通路况的困难。而"城市大脑"能够结合各种监控数据对未来一段时间内的交通路况做出精准预测，不仅能够进行合理的交通调度，还能够在一定程度上避免交通事故的发生。

"城市大脑"也在不断升级发展，除在交通领域有很好的应用外，其还将向旅游、安防、民生等领域拓展，逐步发展为城市的智能中枢。

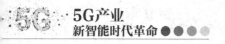

9.3.2 京东智慧城市操作系统

建设智慧城市不仅需要在城市中安装大量的监测设备，而且还要时刻收集、分析城市各方面的数据，这无疑是一项庞大的工程。数据收集的全面性、数据传输的速率、数据分析的准确性等都对智慧城市的建设具有重要影响。

在 2019 年 11 月 19 日的京东全球科技探索大会上，京东发布了"智慧城市操作系统"。该系统具有以下 4 种核心技术，如图 9-5 所示。

图 9-5　京东智慧城市操作系统的核心技术

1. 时空数据引擎

时空数据引擎是基于时间和空间建立起来的大数据系统，对智慧城市的建设而言，整合时空数据是必不可少的环节。例如，城市中某一时段的车流量、某中心商业区的人流量等，都是在建设智慧城市时需要用到的重要时空数据。

时空数据引擎能够更加高效地处理各种时空数据，其包含了时空轨迹处理技术、时空数据建模技术等先进技术，极大地提升了工作人员查询并处理时空数据的效率。

2. 人工智能开放平台

在收集了各种时空数据后，要想有效地使用这些数据，让数据化为城市运行的动力，就需要人工智能的帮助，利用人工智能为大数据系统赋能。为此，京东设立了人工智能开放平台。该平台能够推进人工智能对大数据系统的赋能，使人工智能赋能在一条成熟的流水线上作业，推动人工智能在智慧城市建设中的快速落地。

3. 数字网关技术

智慧城市的终端在处理数据时往往会因为数据量过于庞大、数据过于复杂而无法迅速筛选出核心数据。针对这一难题，京东又推出了数字网关技术。该技术在处理数据时会使用隐私计算、安全加密计算等各种先进算法快速筛选出核心数据。同时该技术还能够为不同的信息终端提供高效的数据连接服务，使各个数据终端实现数据的交互共享。

4. 莫奈可视化平台

在智慧城市的建设过程中，便捷的可视化系统能够帮助工作人员更加清晰地了解智慧城市的建设现状。莫奈可视化平台就能够全面展现出在智慧城市建设中工作人员所需要的所有数据，并能够将数据进行整理和分析，方便工作人员查阅。

目前，京东的智慧城市操作系统已经在雄安新区建成并投入使用，这表明我国智慧城市的建设又向前迈进了一步。未来，随着各种智慧城市系统的出现和逐渐成熟，更多城市都会引进智慧城市系统，智慧城市的建设也会更加完善。

第 **10** 章

5G 与娱乐：创造万亿级市场

5G 引起了各行各业的深刻变革。5G 进入娱乐行业后，同样会打造全新的娱乐市场。5G 结合各种智能设备将为消费者带来更加真实的互动体验，足不出户游览各地不再是梦想。同时，5G 在娱乐行业的应用将改变现有的商业模式，为商家创造更多商机。

10.1 媒体产业与数字广告

广告是媒体宣传的重要方式,只有足够优秀的广告才能够吸引消费者的目光。在 5G 时代,广告将变得立体、直观,甚至可交互。数字广告的出现将为媒体产业创造更多营收,为广告市场带来重大变革。

10.1.1 诞生全新的媒体交互方式

随着技术的不断进步,媒体行业也在飞速发展,从传统的纸质媒体发展到互联网媒体、移动互联网媒体,再到如今最为火热的自媒体。交互方式也从图文资讯发展到电视播报、网络短视频,再到直播。媒体交互方式随着通信技术的发展不断升级,而 5G 的出现也将带来全新的媒体交互方式。

英特尔公司与 Ovum(电信产业中极具权威性的一家咨询顾问公司)曾共同发布报告,报告中包含对 5G 时代各行业应用增长的期望。其中,视频将占 5G 数据使用量的 90%;到 2028 年,游戏将占 5G、AR 数据使用量的 90%。

随着 5G 的普及,人们在移动媒体、VR 娱乐、家庭宽带等内容上的消费将会不断增加。而众多视频平台也会借此机会推出一系列具有沉浸式和交互式特点的新功能,为用户创造更好的视频观看效果,丰富用户的娱乐生活。

在 5G 网络的支持下,AR 与 VR 技术将会更加流畅,带给人们更加真实的虚拟场景体验。而各项与 AR/VR 相关的应用程序也将被开发出来,这些应用程序也会为人们提供全新的媒体交互方式。

伴随着 5G 网络诞生的媒体交互方式将主要应用在游戏和新媒体渠道中。首先,虚拟场景将被用于 AR 和 VR 游戏中,如云游戏的游戏体验增强会推动其订阅量的上升。其次,5G 为新媒体提供了虚拟场景,使用户与内容进行交互成为

可能，同时沉浸式体验可以提高用户参与度，种种新的交互方式为用户带来了更加真实的感受。

5G 能够为用户创造更加真实的虚拟场景，而新的感官体验也将促使更多新型娱乐业的诞生。5G 所带来的新的媒体交互方式不仅能够丰富用户的娱乐体验，也能够使媒体企业获得更多营收。

10.1.2　5G 为媒体产业创造营收

5G 应用到娱乐行业后，将会从各个方面为娱乐行业创造新营收，媒体产业也将会在 5G 的加持下获得新发展，挖掘到新的商机，创造更多利润。

随着 5G 网络的不断普及，媒体产业的规模也将不断扩大。5G 在媒体产业的引入为媒体产业的发展提供了更加广阔的发展空间，同时 5G 的应用也加快了媒体产业发展的速度。在这种形势下，媒体产业的规模不断扩大，媒体产业的发展也更加成熟。

英特尔公司发布的《5G 娱乐报告经济学报》预测，在 2019—2028 年，全球的媒体产业能够通过 5G 获得约 1.3 万亿美元的营收，同时，5G 的直接营收也将达到 2000 亿美元。

这无疑表明了 5G 能够引爆媒体产业的市场。在 5G 的支持下，媒体产业的市场发展速度将会不断加快，媒体企业只有抓住机遇，抢先运用 5G 技术完善相关产业模式，才能够获得竞争优势。

伴随着 5G 的发展，很多新型娱乐应用将被研发出来，而这类应用将改变媒体产业和娱乐产业的发展趋势。如果企业能够抓住这一机遇，就会极大地提高自身的竞争力；如果错失良机，就会使企业的发展跟不上时代的潮流，最终被市场淘汰。

企业要想更好地适应 5G 时代的大环境，就必须适应商业环境、消费者消费习惯的改变。企业需要在摸索中不断前进，以积极的心态拥抱 5G，通过对新技术的实践为消费者提供更好的服务。只有这样，企业才能够抓住商机，创造更多营收。

10.1.3 数字广告市场展现新景象

广告市场也将随着 5G 网络的普及迎来新的发展机遇，4G 移动广告所带来的收益将逐渐减少，5G 移动广告将成为广告市场的主流。依托 5G 发展的数字广告将会更加直观、立体，甚至能够通过各种智能设备实现与人们的交互。

未来，5G 将会对数字广告市场的发展起到重要影响，主要表现在以下两个方面。

1. 投放数据更准确

当使用 5G 进行准确的定位时，可使近距离广告投放成为现实。4G 数据只能支持聚合移动及实时传输的分析，这可能会导致广告客户未获得预期效果。5G 将带来实时、超精确的位置数据，使未来广告营销具备更高性能。

2. 加深与用户的联系

未来，5G 技术将更加完善，届时运营商将大幅降低 5G 网络的使用资费。用户就能够使用 5G 网络运行一些高流量消耗的应用，企业将广告精准投放在相关应用中，能够加深与用户的联系。

5G 网络全面普及时代即将到来，企业只有抓住新机遇，对未来的数字广告产业进行规划安排，利用新技术服务于用户，才能够抢占先机获得更大发展。

10.2　创新游戏模式与游戏体验

5G 为娱乐行业提供了全新的交互形式，这一点在游戏产业中表现的最为

明显。5G结合各种虚拟现实技术的使用将为用户带来更加真实的沉浸式游戏场景。在未来，越来越多的云游戏也将成为玩家的第一选择，游戏产业的发展模式也将被改变。

10.2.1 云游戏成为玩家新宠

5G网络高速率、低时延、大带宽的特性使云游戏成为可能。不同于各种客户端游戏，云游戏不需要玩家下载游戏应用，一切游戏内容和数据都能够储存在云端中。这将使玩家可以更便捷地体验游戏。

当前的手机游戏都需要耗费手机内存来运行，而各种大型手机游戏的客户端软件大小都以GB为单位，对手机运行造成了不小的压力。随着5G网络的普及，云游戏的出现能够解放手机内存。而利用这一特点，云游戏平台能够发展更多的用户，获得游戏的全面曝光和推广。

腾讯在对云游戏平台的建设上已经先行一步，2018年11月15日，腾讯申报了"WEGAME CLOUD"相关的4个商标，其中涉及的产品或服务范围涵盖了在线游戏、数据云存储等，这将有助于腾讯开展一系列云游戏业务。而腾讯在之后又与英特尔公司合作推出了"腾讯即玩"云游戏平台，让用户能够省去下载游戏的时间，在线畅玩各种大型网络游戏。

"腾讯即玩"平台能够将用户的操作数据存储在云端，当用户打开游戏时，云端会自动加载出用户所需要的数据，大大节省了用户游戏前的等待时间，提升了用户的游戏体验。

腾讯作为我国一大游戏厂商和游戏代理厂商，在游戏相关领域拥有着一定的先见性。因此从腾讯对云游戏平台的布局和开发中可以看出，在5G时代，云游戏将成为更多用户的游戏新选择，云游戏也将取代传统终端游戏，获得更加全面地推广和发展。

目前也有诸多手机厂商预见了云游戏平台的发展前景，开始在相关领域进行谋划布局。例如，OPPO、一加等手机厂商也在 2019 年的世界移动通信大会上发布了云游戏相关的服务。

5G 网络的高速率、低时延特性将有助于游戏数据的极速加载，因此大型游戏的云服务也将被逐渐实现。未来的游戏玩家只需要打开相关云游戏平台，就能够随时畅玩一部大型网络游戏。

目前云游戏的发展还处于起步阶段，其主要原因是云游戏的时延较高，玩家的游戏体验并不好。因此 PC 游戏和主机游戏依旧是游戏市场的主力军。而 5G 网络的出现能够完美解决这一问题，其高速率、低时延的特性能够使游戏玩家即时体验游戏，大带宽的特性也能够使游戏平台容纳更多玩家的游戏数据。

因此在 5G 时代，云游戏将会逐渐取代各类客户端游戏，成为玩家的新宠，不论身处何地，玩家都能够随时打开游戏。云游戏，以完全不同于传统客户端游戏的各项优势，给予了游戏产业极大地发展推动力，也为游戏产业开创了更加广阔的发展前景。

10.2.2　身临其境的游戏体验

5G 移动互联网时代的到来将改变移动游戏的格局。在 5G 网络环境下，游戏的下载速度大大提升，运行也更为流畅。而伴随着 5G 而兴起的各项虚拟现实技术更能使用户身临其境。

5G 网络的性能和特性将会为移动内容的分销模式带来改变。而 5G 网络的特性也将促使游戏内增加更多新功能。5G 时代，游戏产业将迎来巨大的发展变革。

对于用户而言，游戏的下载速度是能够影响游戏体验的重要指标，而 5G 比 4G 还要快百倍的速率将极大限度地节省用户下载游戏的时间。除此之外，5G 网络的特性也将有助于游戏运营企业更好地服务于用户。

首先，5G 的低时延特性能够让用户在进行游戏时更加投入，传统网络的波

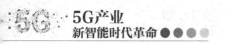
动性较强，时延较高，用户在进行游戏时经常会有卡顿的情况发生。而 5G 网络更加稳定，其低时延的特性也能够帮助用户进行快节奏的游戏对战。而随着相关设备的技术进步，利用增强现实技术进行游戏也将成为可能。

正处于发展阶段的 AR/VR 游戏将会在 5G 的支持下获得升级。现阶段的虚拟现实游戏受网络波动的影响，很难为用户提供身临其境的游戏体验，而 5G 的高速率、低时延特性则能够很好地解决这一问题。未来，将会有更多的虚拟现实游戏被开发并投入游戏市场，用户能够通过 5G 和智能穿戴设备进行虚拟场景与网络的实时互动。

10.3　观影、旅游新体验

5G 在影视行业的应用，将使观影内容范围进一步扩大，观影方式也会更新。依托 5G 建立的新型旅游景区将为游客带来更加新奇的体验，同时，5G 与人工智能的结合将使旅游服务更为优化。

10.3.1　VR 电影的沉浸式体验

5G 的发展能够为电影行业带来新的机遇，而 VR 电影是电影行业应当把握住的重要商机。2019 年 10 月，南昌（国际）未来影像艺术周暨南昌国际 VR 电影展正式开幕，在此次电影展中，最引人注目的展区莫过于 VR 电影展映区。

在展区内，体验者只需要戴上 VR 眼镜和其他智能穿戴设备，就能够身临其境地观看电影内容。当天开放的影片数量众多，以《安迪的世界》为例，这部时长 7 分钟的电影塑造了一个机器人与人类共同生存的世界，而体验者能够通过设备进入电影世界，自由探索。

通过 VR 设备，观众不再只是单纯的电影观看者，而是能够更真实地感受电影中世界,完成一次虚拟的电影世界旅行。而沉浸式的观影方式也将帮助观众更好地理解电影的内容。

现今的 VR 电影技术还不足以支撑用户观看时间较长的电影,主要原因是在进行长时间观影时,网络波动的不确定性或许会造成用户的不满,而 5G 网络进入 VR 电影产业后能够改善这一状况。未来,相信人们能够自由地观看 VR 电影,并且能够在电影塑造的世界中体验另一种人生。

10.3.2　5G 版旅游景区成为新趋势

5G 在旅游领域的应用将使线上旅游成为可能。人们能够通过 5G 网络和各种智能设备的辅助,足不出户游览大江南北。同时在当前,5G 在旅游领域的应用成果已经出现。

2018 年 12 月,中国联通与河南红旗渠联合打造了"智慧景区"项目。该项目结合了红旗渠景区内的特点及游客的游览需求,采用 5G 网络与 VR 技术对景区进行全景直播。同时,人工智能社交分享和智慧鹰眼等新技术的应用软件也在 5G 网络的支持下开始在景区中试用。

由于目前 VR 技术的诸多限制,VR 全景直播在运行时会遇到一些难题,而无人机的加入改善了这一现状。游客能够通过 VR 眼镜获取无人机的俯瞰视角,通过无人机与 VR 设备之间的数据传递清晰地观察到景区的全貌。而 5G 网络的低时延特性也确保游客在进行 VR 游览时不会遇到卡顿现象,保障了游客所接受的服务不打折扣。

智慧鹰眼等技术的使用可以帮助游客借助 AR 眼镜对景区有更加全面、立体的了解,人工智能技术则能够结合智慧鹰眼技术,满足游客的社交需求。人工智能可以帮助游客拍照并生成游记,游客也能够自行删减相关内容,使游记表意更加完善。智慧鹰眼、人工智能等技术的运用离不开园区内遍布的 5G 网络,而这类技术的应用能够使游客在游览时的获得更好的服务。

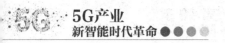

除了红旗渠，在 2019 年 2 月，河南省云台山景区中也建立了 5G 基站，并开始进行 5G 智慧旅游项目的试运营。云台山的智慧旅游项目包括高清视频传输、精准导航等内容，使游客在云台山旅游时的网络使用体验得到保障，同时 5G 网络的大带宽特性也使其在容纳更多设备的同时保持连接，即使景区内游客增加，游客的网络使用体验也不会下降。

人们利用 5G 网络，一方面能够在不受时间、地点限制的情况下游览各大旅游景点，另一方面也能在进行实地旅游之前，通过 5G 网络对目的地进行全面考察，更好地规划旅游时的路线。云旅游应用的出现极大地丰富了人们的精神生活，为人们的生活提供了方便。

在不久的将来，5G 智慧旅游将会成为旅游业重点攻克的项目。随着 5G 技术逐渐成熟，5G 网络的覆盖范围也会进一步扩大，未来会有更多地景区覆盖 5G 网络，帮助景区更好地服务游客。

10.3.3　5G+人工智能=旅游服务质量的提升

随着 5G 的不断发展，人工智能技术也在不断升级，而这一系列新技术的产生都能够为消费者提供更加智能化、个性化的服务。旅游行业能够利用 5G 与人工智能技术为游客提供更加贴心的服务，提升自身的服务质量。

人工智能的不断发展能够提升智能机器人的旅游服务水平。智能机器人通过人工智能技术提取大数据，对游客的需求进行分析，能够为游客提供全面的旅游信息和更加准确的服务。

花之冠国际旅行社在 2019 年 5 月发布了旗下最新型的智能旅行机器人——小 U。小 U 能够通过终端数据搜索为游客提供更加方便快捷的旅游相关服务。其内置的智慧鹰眼系统也能够优化景区的管理系统，随时对景区进行图片采集，并传输到景区的控制终端中，提高景区的管理效率。

除此之外，智能机器人也能够帮助商家进行精准的广告投放，提高商家的广告转化率。同时智能机器人也能够增加商家的旅游线路收益分成，从各方面帮助商家增加收入。

　　5G 与人工智能技术的结合能够提升智能机器人的智能性，使其通过个性线路定制、精品推荐、智能导航等功能，为游客在信息获取、行程规划、商品预订、游记分享等方面提供更便利的智能化服务。

第 **11** 章

5G 与社交：重新塑造人际关系

5G 时代到来后，通信技术的发展带来了互联网媒介的变革，5G 的应用能够为人们的社交方式带来颠覆式的改变。社交是人们生活中不可缺少的部分，手机中各类社交软件也层出不穷。在 5G 时代，人们的社交方式也会发生改变，VR 社交的加入能够为人们带来更加新奇的社交体验，而社交的形式和场景也会不断变化，未来的社交方式将存在无限可能。

11.1　VR 社交：5G 在社交领域的突出应用

伴随着 5G 的出现，各种相关应用也正在被研发出来。在社交领域，依托 5G 发展的 VR 社交将逐渐被普及。VR 社交具有许多依托新技术产生的、不同于传统社交的特点，是超越 4G 时代社交的新形态。VR 社交是 5G 社交媒体发展的趋势，是技术驱动下的社交潮流。

11.1.1　社交场景从现实扩展到虚拟现实

5G 技术的加入能够使移动社交的场景发生重大改变。随着 5G 技术的不断发展，越来越多的智能设备及应用也将被研发出来。配合各种智能设备的使用，未来的移动社交场景也会从现实发展到虚拟现实，让用户能够拥有沉浸式的社交体验。

VR 是依托动态环境建模技术、立体显示传感器技术、三维图形生成技术构建的一种可体验虚拟世界的仿真系统。在这个虚拟世界中，用户能够感知三维动态，也能够利用相关体感设备与虚拟世界中的人或物进行交互动作，这将带给用户更加真实的虚拟世界体验。

高度沉浸化的体验是 VR 社交的首要特征，用户在佩戴 VR 设备后能够进入一个虚拟的环境中，并在这个环境中与其他对象进行交互。VR 设备能够帮助用户隔绝现实世界中的嘈杂信息，使虚拟世界更加真实。

现今的移动社交中，人们往往无法在网络上准确表达自己的意图，因此产生沟通上的障碍。而 VR 社交的诞生能够使身处异地的人们面对面地进行交谈。人们在 VR 营造出的虚拟世界中能够进行更加深入的交流，充分表达自己的想法。

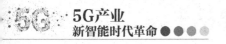

在互联网时代，"媒介即信息"，随着通信技术的不断发展，人们进行网络沟通的媒介也在不断变化。愈加流畅的网络也为人们带来了更好的社交环境。

随着通信技术的不断升级，移动社交的媒介形态也在不断升级，从文字到图片，再到语音、视频，而各类社交媒体更是层出不穷，从最初的人人网发展到如今的微信、微博等，这也从侧面反映了人们社交需求的变化。而在 5G 时代，人们对于社交的需求将被进一步满足，移动社交将不仅限于图像、音频、视频，而且还能够借助 VR 设备打破时间和空间的限制，体验全新的社交场景。

11.1.2 VR 社交使用户感受真实的交互

真实的交互体验是 VR 社交的优势之一。VR 社交场景的真实化和交互体验的真实化使用户在进行移动社交时能够准确、有效地传递信息，从而进行高效的移动社交。

VR 社交与传统社交媒体最大的区别是场景化的交互方式，用户能够在 VR 设备营造的虚拟场景中通过体感设备进行交互。同时，相比即时视频通信，VR 社交能够做到跨越屏幕的深层互动。VR 社交的优势表现在以下几个方面。

1. 提升视觉感受

VR 设备能够为用户打造出真实的社交场景，让用户更能沉浸其中。

2. 增强互动娱乐性

VR 社交的互动性要远强于如今的社交方式，用户能够在 VR 社交营造出的虚拟社交场景中进行一系列的互动。例如，用户可以在虚拟场景中与朋友进行一场网球比赛，或者一同观看一场电影等。这些互动行为不仅能够拉近人们之间的距离，更能够为社交增添娱乐性。

3. 提高用户参与度

有了 VR 设备的帮助，很多现实世界中做不到的事情都能在虚拟世界中实现。例如，两位游戏爱好者能够进行一场虚拟游戏比赛、身处异地的好友也能够随时在虚拟世界中进行交流。这些互动无疑会吸引更多的用户参与进来，用户的社交心态也更加积极。

未来，AR、VR 的界限也会被虚化。未来社交将从平面变成立体，打破现在的人机交互现状，实现用户间的无障碍沟通。

11.1.3　及时收到对方的反馈信息

传统的社交媒体往往具有一定的滞后性，从发送信息到接收信息的这一过程需要一定的时间。即使是视频交流，由于网络的时延，交流双方也会出现对话的延迟。然而 VR 社交能够借助 5G 技术，实现无时延的实时社交，让用户拥有与现实中社交相同的体验。

因此，VR 社交所具备的实时性也将成为未来人们选择 VR 社交的一大原因。和图文社交相比，VR 社交更有吸引力。当用户在虚拟现实环境中和他人沟通时，可实时接收到对方的回应信息，从而更真实地感受到对方的情绪。

在 VR 社交中，文字交流将被语音交流所取代，实时的语音交流将成为 VR 社交发展的助力。VR 社交能够为用户在虚拟世界中营造出最贴合现实的社交场景，而未来更多扩展安装包的出现也将助力 VR 社交的全面发展。

传统社交模式下，人们想要找一位网络好友进行交流时往往无法判断对方是否在线，而 VR 社交则能够帮助人们清晰地了解对方的在线状态。因此 VR 社交的及时性能够提高人们的社交效率。

因为 VR 用户需佩戴头部显示设备进入虚拟世界，因此文字输入对于 VR 社交来说就是一件难事。在这种情况下，语音社交为 VR 社交提供了一种可能，如

新增语音系统，让用户可以发起语音聊天，并与另一位 VR 用户进行交谈。实时的语音互动将推动 VR 社交的发展，拉近虚拟世界中人们之间的关系。

11.1.4　打造非言语式的社交场景

人际交往的信息传播包括言语传播和非言语传播。心理学家的研究显示，非言语传播中的目光、手势、面部表情、举止及触觉等在人际交流中占比 70%，而言语传播占比 30%。同时，当前的社交媒体只完成了小部分的言语传播，难以进行非言语传播。

VR 社交能够解决移动社交中非言语传播方面的问题。在 VR 社交中，人们能够面对面地进行交流，人们的面部表情和手势动作也能够被动作捕捉系统——捕捉并还原到虚拟社交场景中。非言语传播能够帮助人们更加准确地表达自己的想法，使移动社交变得更加真实。

VR 社交实现了场景交互，打破了空间距离限制。VR 设备能够为用户营造出一个虚拟空间，让用户在虚拟空间中见面，实现实时的交互。用户可以在同一场景下共同看电影、聚会等，进行多种社交活动。

VR 社交并不局限于真实的社交布局，在 VR 社交中，人们能够为自己打造虚拟形象，也能够进入现实中并不存在的场景，如电影中的场景、动漫中的场景等。用户可以与现实中的人进行交互，也可以与虚拟人物进行交互。VR 社交的出现能够丰富人们的社交生活，为人们的生活带来更多乐趣。

VR 社交在为人们营造真实场景的同时，也能为人们带来现实中无法还原的虚拟社交体验，而非言语传播形式的介入更能帮助人们在更多场景下表达想法。VR 在 5G 的助推下，能够为人们的社交形态带来更多可能，也能够为人们提供更多的社交场景，将人们带到虚拟世界中畅游。

11.2 社交形式：社交属性 Up，Up，Up

5G 的发展将推动社交设备及应用的发展，这将带来社交形式的改变，越来越多的产品都将具有社交属性。依靠 5G 网络加强产品的社交属性，创造新型的社交产品是企业研发产品的重要趋势。

11.2.1 文字传播转向视频传播

5G 为移动社交带来的最大好处即移动社交方式的改变。图文传播的社交方式将被视频传播所取代。5G 网络高速率、低时延、大带宽等特点也将为视频传播的流畅性和及时性提供保障，各类短视频和直播类社交软件将更加火爆。

由于 4G 网络的传输速率一般，并且存在一定的网络波动性，因此文字传播仍然是 4G 时代移动社交的主要传播方式。然而随着 5G 时代的到来，以文字和语音为主导的社交方式将被视频社交所取代。目前短视频 App 的火爆也展示了人们对这一社交方式的认同和喜爱。在 5G 时代，网络社交将变为以视频通话为主导，短视频分享为辅助的方式。

互联网的崛起使人们快速进入了移动社交的时代，而 5G 通信技术的普及使人们的移动社交方式更加丰富。各种移动社交软件将伴随着 5G 网络的发展不断被研发出来，人们移动社交方式的选择范围将会被不断扩大。

当前，越来越多的移动社交产品开始出现同质化，市场的竞争也更加激烈。据统计，目前移动社交产品的生命周期平均为 10 个月，而 85%的用户都会在一个月内删除新下载的移动社交产品，大部分移动社交产品 5 个月后的新用户留存率只有 5%。

因此，当今移动社交产品最大的问题就是用户留存率问题，无法长久维持用户是产品得不到长远发展的重要原因。想要打破瓶颈，让产品突出重围，提升竞争力，就需要抓住两个重点，发展移动社交产品的两个重点如图 11-1 所示。

关注用户需求

发展新技术、新方式

图 11-1　发展移动社交产品的两个重点

1. 关注用户需求

发展移动社交产品就必须关注用户真实的社交需求，随着社会的不断发展，用户的个性化需求也在逐渐增加，因此在打造一款社交产品之前必须精准、深入地了解目标用户的需求。然后根据目标用户的需求进行深入、完善的服务，提高用户的满意度。

在开发社交产品时，用户的需求也将成为确定产品社交属性的重要衡量元素。只有符合用户社交属性的社交产品才能够获得用户长久的支持和青睐。在挖掘用户的社交需求时，不能只流于表面，更应结合大数据，深入探讨并确定产品的社交属性。

同时，移动社交产品在进行推广时也需要加大传播力度，对目标用户进行精准的推广才能够提升用户留存率。在推广产品时，可以借助名人或平台的流量实现更好的推广。

例如，一款主打精神交流的社交产品"Soul"，在产品进行推广时就选择了知乎、B 站这一类用户偏爱交流与探讨的网站进行了广告投放，最终取得了不错的推广效果。由此可见，对用户需求的精准揣摩是使移动社交产品得以生存的重要方式。

2. 发展新技术、新方式

随着 5G 技术的日益成熟，社交产品在研发期间也将引入 5G 技术，开发更多独特的新功能，给用户带来新奇的使用体验。同时，越来越多的行业都将引入 5G 技术，未来会有更多的 5G 应用落地，更多新型的社交产品将应运而生，为用户的社交生活带来更多趣味。

未来，5G 技术将被广泛应用在各类移动社交产品中，视频传播将成为主流社交方式。企业在对移动社交产品进行设计宣发时，也要活用 5G 技术，关注用户需求，争取获得更好的推广效果，增加用户留存率，这样才能够使产品有更加长远的发展。

11.2.2 VR 直播与普通直播

VR 技术在 5G 的支持下将会日益成熟并被应用到各个行业中，而直播产业也能够利用 VR 技术为用户带来更加立体生动的直播观看体验。VR 直播不再局限于小小的手机屏幕，人们能够通过智能 VR 眼镜来到直播的现场，全方位地观察直播地点周围的环境。相较于普通直播，VR 直播的优势更加明显，如图 11-2 所示。

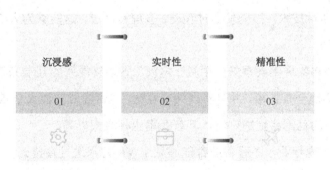

图 11-2　VR 直播的优势

1. 沉浸感

VR 直播不同于传统的直播形式，屏幕将不复存在，用户能够任意调节自己的观看范围。在观看一场比赛时，用户可以随时调整与赛场的距离，还能够听到

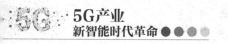

周围观众的喝彩声，获得高度沉浸式的观看体验。

2. 实时性

5G 网络的低时延特性使用户能够实时接收直播信息，增强直播的真实感。同时 VR 直播不存在视频死角，用户通过智能穿戴设备能够同步获取直播现场的各种信息，观看 VR 直播时的体验感也进一步增强。

3. 精准性

由于 VR 直播的视角可以完全由用户操控，因此用户能够更加精准地获取直播中的内容信息，用户的亲身体验将为直播增添真实性。当 VR 技术更加成熟后，更多的 VR 设备将被研发出来，用户在戴上相关 VR 设备后能够进行更多的交互，获得更加立体的直播体验。

VR 技术的发展也为传统媒体行业的发展提供了全新的方向，2018 年《中国广播电视年鉴》中的内容显示，我国传统电视行业也开始了对 VR 技术的研究，中国广电与触信智能科技有限公司合作，共同开展"中国广电 VR"项目，这其中就应用了多种技术，如全景实时互动、多屏互动等。这能够为人们的业余生活增添更多趣味。

VR 直播将实现不同系统的手机、电视、智显终端间的互动和信息的实时共享，用户可实现全景拍摄，并可实现共享互动，也可实时与他人全景直播。未来，VR 直播覆盖的范围将更加广泛，其普及率也将大大提高。

不只是影视行业，各行各业都能够利用 VR 直播进行宣传。

例如，对于旅游业而言，VR 直播是一个有效的宣传推广工具，游客可以通过观看 VR 直播获得真实的旅游体验。利用 VR 技术进行景区宣传，可以使宣传更具有体验性，激发游客的游览欲望。游客在出行前，也能够通过 VR 技术对景区进行全景游览，提前规划好旅游路线，使出游更加顺利。

再如，将 VR 技术应用在体育赛事中，观众能够随时调整观看视角和与赛场的距离，获得更加清晰、直观的观赛体验。而将 VR 技术应用在房地产行业，也能够帮助客户全面了解房子的布局和周围环境，帮助客户更快地做出决策。

随着 VR 技术的日益成熟，VR 直播将被运用到各行各业中，为行业的发展带来深刻的影响。同时 VR 技术的升级也将提高 VR 直播的覆盖面积，未来观看 VR 直播的用户数量也将大大提升。

11.3　社交趋势：广阔的发展前景

通信技术的升级往往能够带来社交方式的升级。例如，在 2G 时代，人们通过文字进行社交；在 3G 时代，人们通过语音进行社交；在 4G 时代，人们通过短视频进行社交。5G 时代的社交趋势将会进一步发生改变。未来，5G 在社交行业的发展将极大地推动 VR 社交、全息影像、触觉互联网等应用的发展。

11.3.1　不断丰富的社交场景

5G 的出现促进了 VR 技术的进一步发展，而两者结合又能为社交创造出新的场景。VR 社交是指运用 5G、动作捕捉技术等实现的社交。相比于传统社交媒体的抽象化表达，VR 社交能够让用户沉浸在虚拟社交场景中，获得真实的互动社交体验。

VR 社交能够丰富人们的社交场景，主要表现在以下 3 个方面。

1. 关于游戏

在传统游戏模式中，多数大型独立游戏都只拥有一个操作位，用户只能独自体验。而 VR 社交将支持多个玩家同时体验大型独立游戏，让用户在游戏的同时进行社交，拉近用户之间的距离。

VR 社交游戏能够实现多人游戏。即让不同用户同时开启一场游戏，用户通过控制器或者手柄一同对游戏进行操作来完成游戏对战。

2. 关于休闲娱乐

社交的交流方式往往是"一对多""多对多""一对一"等方式的结合。VR社交能够依托此类社交方式，对现实中的休闲娱乐活动进行模拟，为用户创造出更加真实的社交娱乐场景。

用户能够利用 VR 设备满足自己日常的休闲娱乐需求。随着技术的不断发展，VR 设备构建的虚拟场景中将会出现更多的娱乐设施，为用户模拟游乐园、图书馆等环境，让用户能够在社交的同时满足娱乐、学习的需求。

用户在身处异乡时也能够通过 VR 社交技术与亲朋好友在虚拟世界中会面，并一起玩游戏、逛公园等。VR 社交能够拉近人们之间的距离，让远在异乡的人们能够感受到与亲朋齐聚的温暖。

3. 关于办公

在很多情况下，人们不得不在家办公，而在家办公时很多信息都无法及时传达给同事或上下级。而 VR 社交则能够为所有公司职员营造出统一的虚拟办公环境，让居家办公时的交流更加及时准确。

与当前社交软件不同的是，VR 社交的自由度极高。人们能够在 VR 社交构建出的虚拟场景中进行自由探索。高度自由化、高趣味性，都将成为 VR 社交软件战胜传统社交软件的重要原因。

11.3.2 全息影像实现即时同场交互

5G 社交的一大突破是能够帮助用户在虚拟环境中打造出全息影像，并实现同场交互。全息影像利用了光学原理，让影像在空间中浮现出来，为人们进行更加立体的展示。而全息影像展示更是利用了先进的荧屏设备，使展示出的影像更加立体、逼真。

例如，利用全息影像能够展示出虚拟人物，虚拟人物的动作和表情都能够无限贴近于真实存在的人类。同时，全息影像展示支持多人视角观看，带给用户更加真实的观看体验。然而想要将全息影像技术进行落地应用，目前还有许多难题亟待解决。

再如，全息影像通信就是一项全息影像技术的落地应用实例。在 5G 的支持下，全息影像通信能够传输更多的数据信号，为用户模拟出更加真实的面对面的交流场景，增加通信的交互性。目前，三星、Facebook 等科技公司都在进行全息影像通信技术的研发，这也能够从侧面证明该技术拥有巨大的发展前景。而我国的许多企业也纷纷瞄准了全息影像技术的风口，开始进行相关的研究。目前，我国已有千余家企业拥有全息投影技术，其市场容量也已升至百亿级别。

2019 年 3 月，韩国电信企业在首尔的 K-live 全息影院召开记者会，展示了其全新的 5G 全息影像通话技术。在大会上，利用该项技术，该企业实现了韩国、美国两地嘉宾的同场互动，也使观众更加期待全息影像通话时代的到来。此次活动将 5G 与全息影像技术相结合，实现了跨区域的同场景对话，证明了该技术能够打破空间的限制，丰富了人们的社交互动方式。

由于目前相关技术的发展并未完善，实现成本较高，全息影像技术还未能投入人们的日常生活中，但随着技术的不断发展，未来人们或许能够随时随地在移动社交时进行全息影像的投射，实现异地同步交互，将社交的真实感进一步增强。

11.3.3 新兴的触觉互联网

目前互联网的发展只能够满足人们视觉和听觉的需求，而更多的观感需求还碍于技术问题不能实现。但随着 5G 的普及，各项智能穿戴设备将被开发出来。

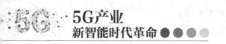

未来，人们能够通过智能穿戴设备实现触觉上的交互。

在触觉互联网中，人们能够通过网络对现实或虚拟目标进行控制。例如，在虚拟场景中拿起一杯牛奶等。想要实现这一目标就需要将大量的感官数据上传至智能穿戴设备中，并借此模拟出真实的触碰感受。

实现触觉互联网的前置条件是大量数据的迅速传输，而5G网络的高数据传输速率能够为触觉互联网的发展提供基础。虽然建立触觉互联网的过程十分困难，但更多的研究人员表现出了对这项技术的兴趣，韩国的三星公司正在向触觉互联网的建设投入更多的资源。

三星公司认为，5G技术的出现将促进触觉互联网的发展。在5G达到理想传输速率的状况下，建立触觉互联网还需要找到触觉编码，再将编码转换为数据。而在转换数据的过程中还需要设计出由微机电系统组建的传感器，并通过传感器发送数据信号。当人们触碰传感器时就能够具有不同的触觉感受。

完成触觉互联网就需要将这些触感数据上传到云端，用户在各类智能穿戴设备的配合下能够将这些数据转换为触觉上的体验。而支持触觉体验的设备可以是手套、类似柔性外骨骼的肌肤，也可以是类似操纵杆的用户界面。哈佛大学研究设计的触觉接收手套即内置了传感器，同时也装载了微型处理器和手套张力监控传感器。当用户戴上手套后，就能够拥有真实的触觉。

随着科技的不断发展，触觉互联网的建立将为人们的生活提供更多的便利。除了社交交互，人们也能够利用触觉互联网对故障设备进行远程维修等。为了能够实现触觉互联网的落地，我国的华为公司也投入了大量资源进行研究。或许在不久的将来，触觉互联网的应用将渗入人们的生活，为人们带来更多的方便。

第 **12** 章

5G：未来已来，将至已至

5G 作为通信技术的巨大升级，其背后的潜力是无限的，其带来的不仅是通信领域的变革，而且为各行各业的发展带来深刻的影响。在这种趋势下，不少国家和机构纷纷加入了 5G 技术的研发阵营。

5G 的出现将彻底改变人们的生活，提升人们的生活质量。同时其背后的蓝海市场也十分广阔。在未来，有关 5G 技术的讨论与开发将成为各行业发展的重点。

12.1　各国 5G 发展现状

当前，许多国家都在紧锣密鼓地展开针对 5G 的各项研究，以求在 5G 竞争中占据优势。美国在部分城市率先推出 5G 服务；韩国也在积极部署 5G，致力于降低通信时延。此外，我国也在全方位布局 5G，推进其在各行业的应用。

12.1.1　美国：专注 5G 的研究和开发

早在 2016 年，美国就已经确立了"先进无线通信研究计划"，这项计划的重点就是研发 5G 技术。因此美国在 5G 相关应用的开发中保持了相对领先的地位。

美国科学基金会将花费 4 亿美元在 4 座城市建设试验性的 5G 网络，实行"先进无线通信研究计划"。这 4 亿美元的资金来自多个渠道，除美国科学基金会外，三星、高通公司和美国移动通信行业也将为该计划提供技术和资金上的支持。

早在 2017 年，美国科学基金会就开始对 5G 网络进行研究，而美国移动运营商 Verizon 也联合诺基亚开始进行对 5G 网络的相关研究。2017 年 7 月，美国联邦通信委员会提出为 5G 网络分配高频的无线电频谱资源，并宣布成熟的 5G 网络将在 2020 年投入使用。Verizon 等运营商会在此之前率先在几个城市启用 5G 网络。

2018 年 10 月，美国移动运营商 Verizon 推出了 5GHome 服务，该服务能够使美国家庭拥有更加快速的无线宽带网络。5GHome 服务的开展也是 5G 相关业务市场的里程碑之一，它标志着基于 5G 技术的宽带服务能够进行大规模的使用。同时，此服务的推出也展示了 Verizon 的营销技巧，使 5G 网络在市场上获得更多份额。

5G Home 服务平均数据传输速率约为 300Mbit/s，且没有流量上限。目前，

Verizon 已经在休斯顿、印第安纳波利斯、洛杉矶、萨克拉门托 4 个城市推出此项服务，其提供室内 5G 家庭网关的免费安装服务，并可提供室外天线。这项服务是美国"先进无线通信研究计划"中的一次成功的尝试，也标志着 5G 的逐渐成熟。在未来，更多更加先进的 5G 服务也将被不断推出，服务于人们的生活。

12.1.2　韩国：率先将 5G 应用于冬奥会

韩国对 5G 的研究也有所成效，早在 2018 年的冬奥会上，韩国就已经应用了 5G 技术。在冬奥会现场，韩国利用导航工具 AR Ways 为观众提供路线导航服务，准确地引导观众到达冬奥会会场的观众席上。同时，在 G80 无人驾驶汽车的帮助下，观众能够轻松进出会场。为了保证这些工具的平稳运行，韩国在冬奥会举办城市实现了 5G 信号的全面覆盖。

在冬奥会的转播方式上，韩国也依托 5G 实现了虚拟现实赛事转播，观众能够随意选择不同的视角观看比赛，获得更加立体、直观的赛事观看体验。这样的转播方式让更多观众拥有新奇的观赛经历，也激发了观众对于 5G 的兴趣。

在比赛方面，5G 也帮助运动员获得了更加良好的比赛体验。例如，滑雪运动员能够身穿特制的运动服，运动服能够帮助运动员规避危险情况对其身体的伤害。

韩国在冬奥会上使用 5G 技术为运动员及观众带来了前所未有的新奇体验。而此次 5G 技术在冬奥会上的成功使用，也使更多国家看到了 5G 技术蕴含的潜力，纷纷加速对 5G 的研发和布局。

12.1.3　中国：华为、中兴通讯与三大运营商牵头开发

在 2018 年 2 月的世界移动通信大会上，华为首次推出了 5G 商用芯片，打破了 5G 终端芯片的壁垒，展示了国产芯片的潜力。而中兴通讯也推出了 5G 全

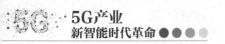
系列的基站产品，使 5G 基站的全面覆盖成为可能。

在 2018 年一年内，华为在 5G 研究中投入的资金就超过了 130 亿美元，远远高于同期爱立信、诺基亚的 56 亿和 44 亿美元的投入。IDC（Internet Data Center，互联网数据中心）的数据报告显示，预计到 2022 年，全球对 5G 研发的投入将超过 700 亿美元，而中国对 5G 研发的投入可能会占据该数额的一半。华为作为我国 5G 研究的领头羊，其在 5G 领域的资金投入也会逐步加大。

在 5G 技术的研发上，华为从 5G 基站到 5G 移动端的开发都处于领先地位。2019 年 7 月，华为正式发布了首款双模 5G 商用终端 5G CPE Pro，这也是第一个获得 5G 无线数据终端电信设备进网许可证的 5G 设备。

中兴通讯为了实现 5G 信号的全面覆盖，对 5G 小白盒基站的研发也做出了卓越的贡献。其推出的 5G 终端 UTE UmniSite 能够满足室内、室外全场景下的 5G 的使用需求，为 5G 的全面普及打下了基础。

此外，三大运营商也确定了我国的 13 座 5G 试点城市。中国移动将在杭州、上海、广州、苏州、武汉建设试点；中国联通将在北京、天津、上海、深圳、杭州、南京、雄安建设试点；中国电信将在成都、雄安、深圳、上海、苏州、兰州建设试点。

随着基站建设速度的加快，5G 技术日益成熟，未来将会有更多的城市覆盖 5G 网络。5G 网络的建设能够使城市居民的生活更加便利，并推动城市的快速发展。

除 5G 信号的覆盖外，中国移动也将扩展 5G 相关服务业务，主要包括 VR 设备、AR 设备、无人机等。随着 5G 的深入发展，5G 网络覆盖范围将扩展至更多的城市和地区，各种 5G 智能设备也将进入人们的生活。

12.2　5G 描绘的未来生活蓝图

随着 5G 的发展和其在各行各业的应用，其将影响人们生活的方方面面，在未来，智能设备的应用将成为主流，城市管理和服务也将变得更加智能和全面。同时，5G 技术的发展也将加速全球范围内的数据交换与共享。

12.2.1　智能设备获得迅猛发展

5G 时代的到来加速了数据传输速率，扩大了数据传输的规模，以高速率、低时延为特性的 5G 网络让万物互联逐步成为现实。5G 能够为人工智能、大数据、云计算、物联网等技术赋能，推动各种技术的融合应用，从而推动智能设备的发展和普及。

在物联网方面，人们日常生活中所能接触到的各种消费类科技产品将成为 5G 最大的应用市场。2019 年全世界物联网的消费支出已近 1 万亿美元。而 5G 的飞速发展也使智能设备获得了迅猛发展，具体表现在以下 3 个方面，如图 12-1 所示。

智能可穿戴设备

智能家居

车载智能终端

图 12-1　5G 影响下智能设备迅猛发展的表现

1.　智能可穿戴设备

随着生活水平的不断提高，人们对智能设备的要求也越来越高，当前的智能可穿戴设备主要包括智能手表、智能手环等，而在 5G 逐渐普及之后，VR 设备、AR 设备等智能可穿戴设备将获得极大发展。

在这些智能可穿戴设备的支持下，身处不同地方的人们可以同处于同一个虚拟空间内玩游戏或者交流，远程授课、远程医疗等都可以成为现实。

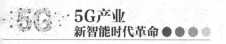

2. 智能家居

智能家居是指以智能家电、智能音响、智能门锁等为主的,能够为人们口常生活提供极大便利的家居产品。这也将成为消费类科技产品中市场潜力最大的一部分。IDC 的数据显示,2019 年第一、二季度内全球智能家居产品的出货量高达 6.65 亿台,而智能音箱是其中出货量最大的智能家居产品。

智能音箱的主打功能是通过人们的远程指令实现对其他智能家居产品的操控。智能音箱结合了人工智能、物联网等技术,在 5G 技术的支持下将会获得更加全面的发展。

3. 车载智能终端

由于交通规则和路况的复杂性,车载智能终端必须具备极高的精确性。4G网络存在网络不稳定、时延高等弊端,难以对突发路况事件进行及时预警。

5G 能够为车载智能终端提供更好的支持,为其提供高稳定性、低时延、高传输速率的稳定网络。在 5G 网络的支持下,车载智能终端对路况的响应几乎是瞬时的,这也能够大幅度提高汽车的自动驾驶性能。

5G 能够加速智能设备的发展速度,提升其智能性。同时,随着 5G 网络的普及,智能设备也将进入更多的行业、更多的场景中,在教育、医疗、工业生产等领域发挥更大的作用。

12.2.2　依托 5G 打造智慧城市

随着经济的不断发展,智慧城市的建设也加快了速度。近几年,为了贯通城市运行的各系统和各项服务、提升各种资源的运用效率并优化城市服务,我国在各地都开始了智慧城市的建设。但当前在智慧城市的打造上,还有诸多困难亟待解决,而 5G 的应用能够很好地解决这些问题,建设智慧城市的难点如图 12-2所示。

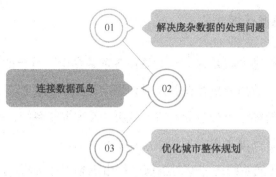

图 12-2　建设智慧城市的难点

1. 解决庞杂数据的处理问题

为了使城市更好的运行，智慧城市系统需要收集并分析交通、医疗、市政服务、教育、城市安防等各方面的数据并进行分析。各方面的数据是十分庞杂的，且数据是实时更新的，这就向系统的数据收集、数据分析、数据传输与存储能力提出了挑战。

5G 能够解决庞杂数据的处理问题。有了 5G 技术的支持，系统的传输速率将大大提高，同时 5G 也能够提高大数据系统的收集与分析能力，提高人工智能系统的智能性。这无疑能够推动智慧城市的智能性建设，提高智慧城市的运转效率。

2. 连接数据孤岛

打通各行业、各层级之间的数据孤岛对于建设智慧城市而言是十分重要的。以智慧城市建设中的智慧交通建设为例，政府想要建设智慧交通就必须调动所有交通部门的数据。如果不能统筹协调好这些部门，打破部门与部门间的数据壁垒，就无法将这些数据孤岛串联起来，智慧交通的建设也无法获得更加全面的数据支持。

出于对数据安全的考虑，许多部门都难以共享自己的数据，而 5G 的应用能够为数据的分享提供更加安全的网络环境。5G 具有更强的稳定性，同时其网络切片具有更高的安全性，这能够为数据传输提供安全保障。

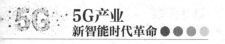
3. 优化城市整体规划

合理的城市规划方案是建立在对城市各项数据全面分析的基础之上的,当获取的数据不全面、数据分析存在偏差时,城市建设可能会出现问题。而搭载 5G 网络的大数据系统能够更加全面地收集数据,人工智能系统也能够更智能、更科学地分析数据,最终得出更合理的城市规划方案。

同时,人工智能系统还能够对当前的城市规划进行分析,找到当前城市规划中存在问题的部分,优化城市整体规划。

5G 带来的不仅是通信技术的增强,而且还能够推动人工智能和物联网技术的突破。在建设智慧城市方面,无论是建设城市各项基础设施,还是对城市中各行各业的运转进行优化,都离不开 5G 技术的支持。

在 5G 的支持下,智慧城市系统能够处理更加庞杂的数据,并能够从数据源头连接起所有的数据孤岛。在更加全面的数据的支持下,系统能够做出更科学的决策。

智慧城市的城市管理可以极大地改变社会管理和服务水平,为城市居民提供更智能、便捷的生活服务,同时能够推动城市的快速、绿色发展。

12.2.3　全球化背景下的数据交换与共享

未来,在 5G 技术的支持下,更多智能设备将会被研发出来,物联网将会更加普遍,最终实现万物互联,这使得 5G 时代将迎来数据的爆炸式增长,主要表现在以下两个方面。

1. 数据量急剧膨胀

大带宽的 5G 网络支持更多智能设备的接入,同时,智能设备的数量也将在各种先进技术不断成熟的促进下急剧增长。在这种情况下,5G 时代的数据量将急剧膨胀。

2. 数据维度扩张

在 4G 时代，人与人之间的连接产生了大量的数据，这部分数据在数据总量中占有很大比重。但在 5G 时代，随着数据量的不断增长，数据的维度也会进一步扩大。不止人与人的连接会产生数据，人与物、物与物的连接也会产生大量的数据。

数据的爆炸式增长是趋势，同时，在 5G 技术的支持下，全球范围内的数据交换与共享也能够更快地实现。

首先，平台处理能力进一步提升。随着 5G 时代的数据量爆发式增长，以及数据维度的扩张，各个平台对数据的处理能力也将得到进一步的提升。这种提升是被动性的，在 5G 时代的快节奏运算下，如果平台无法处理好庞杂的数据就很容易被淘汰。而平台对数据处理能力的提升也将进一步加速全球化的数据交换与共享。

其次，提升了数据处理能力后的平台能够在最短时间内处理完来自全球各地的数据信息并发送回去，这也使得国与国之间的通信时延大幅下降。在这样高速运算的模式下，全球更多的国家和地区将被连接起来，能够即时共享数据。

最后，大数据应用被催化。如今多数的应用都是基于小数据建立的，而在 5G 时代，各项基于大数据推演的应用也将登上舞台。大数据相比小数据所能承载的业务形式也会更加多样，其商业价值将会远大于小数据产业。而 5G 时代的到来，将会使大数据的传播速率加快，提升用户的使用体验。而在数据信息全球化的发展趋势下，各项全球共享的大数据应用也将应运而生。

12.3　5G 成为蓝海市场

5G 的普及将会对传统行业产生极大的影响，同时也将催生出各种新型产业。

5G产业拥有强大的发展潜力，未来的各行业在5G的支持下，将有更广阔的发展前景。

12.3.1　5G拥有强大的资金支持

5G的发展能够对各行各业产生深刻的影响，同时其发展也是未来的趋势。在这种情况下，许多国家都在5G领域投入了大量资金，资金的大量注入将极大地推动5G的发展。

欧盟曾宣布投入5000万欧元的资金进行5G的研发。对于欧盟来讲，5G的研发很有可能帮助欧洲重塑在移动通信市场上的领先地位，同时也能够提高欧盟相关产业的竞争力。5G将为欧洲电子行业、智能产业等各行各业的研发创新奠定基础。

而我国在5G上的研究投入资金数额同样惊人。中国电信发布的2019年电信行业的业绩报告显示，中国电信、中国移动、中国联通三大运营商在5G领域投入的资金不断增加。其中中国电信预计投入453亿元进行5G的研发；中国联通的投入资金将达到350亿元；中国移动将投入1000亿元进行5G的研发。

为了抢先将部署5G网络，运营商也在不断加大资金投入。工业和信息化部发布的《工业和信息化部关于推动5G加快发展的通知》中指出，为加快5G网络的建设进度，工业和信息化部也将给予相关政策上的支持。其中包括：加大基站站址资源支持、加强电力和频率保障、推进网络共享和异网漫游等。

2020年1月，在国务院新闻办公室举办的新闻发布会上，工业和信息化部表示将会鼓励各地方政府出台有关5G建设相关技术的有利政策，同时也会持续推动基础电信企业加大对5G建设的投资力度，在稳步推进5G部署的同时保证5G的优秀性能。不管是相关企业还是国家，都极其重视5G的研发和5G网络的部署，同时也为5G的发展提供了强大的资金支持。

5G网络一旦覆盖到人们的生活，就会培育出新型的消费模式，5G配合

AR/VR 技术的应用能够为人们带来更加真实的娱乐和购物体验。随着 5G 应用技术的不断成熟、5G 相关基础设施的逐渐完善，5G 在消费领域的带动作用也逐渐显现出来。5G 在不断满足人们日益增长的消费需求的同时，也将会推进中国经济的高质量发展。因此加大对 5G 技术的资金投入也能够在未来收获更多的回报。

12.3.2　传统行业焕发新的生机

在 4G 时代，移动互联网相关产业已经在 4G 技术的支持下完成了巨大的飞跃。短视频、直播等新零售方案也成了商业风口。而随着 5G 时代的到来，新一轮的变革也随之而来。

在 4G 时代，有许多商业场景都因网络技术的限制而无法实现，5G 的到来将会打破这些桎梏，开启科技应用的全新大门，让传统行业在 5G 技术的支持下焕发新的生机。

随着 5G 时代的到来，传统行业的生产方式、销售模式、生产内容等各方面将会迎来重大的变化，如图 12-3 所示。

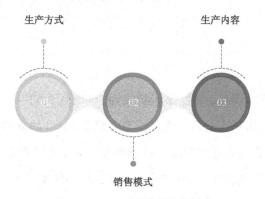

图 12-3　5G 对传统行业的影响

1. 生产方式

在 5G 的应用场景中，颇为重要的一点就是智能场景落地。在以往通信条件

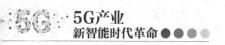

的限制下，智能工厂未能真正普及，其重要原因就在于通信存在时延，智能工厂的效率并不高。

然而随着5G时代的到来，通信速度得到飞跃提升。新技术能快速提高智能工厂的生产效率。同时在5G技术的支持下，越来越多的人工智能设备也能在学习中汲取经验，取代人进行工作。

2. 销售模式

在4G时代，人们可以通过直播进行购物，直播购物的兴起对传统销售模式带来了极大地影响。而5G时代的到来又会进一步对传统销售模式造成冲击。在5G时代中，人们能够通过AR/VR设备获得更加直观的线上购物体验，也能实现在家"云逛街"的梦想。这对现有的线上或线下销售模式来说，都将是一次重大的改变。

传统零售行业需要把握住这个风口，迎合5G时代下人们的消费需求，让人们能获得身临其境的购物体验。通过5G技术和物联网，商家可以对线上"云浏览"的顾客进行实时服务，这样的销售模式也会是5G时代下新零售行业的主流销售模式。

3. 生产内容

各式各样的智能设备、智能家居将成为5G时代人们生活的标配。传统的家居制造业、电子产品制造业乃至汽车制造业都会在5G的支持下迎来新的发展。

5G的发展与普及会对物联网、自动驾驶、人工智能等各行各业产生深刻影响。新兴行业将会不断出现，而传统行业在5G技术的支持下也将焕发全新光彩。

12.3.3 企业如何抓住5G市场的突破口

5G时代的到来将会带来大量的发展机会，各智能产业领域的发展潜力将会是巨大的。在产业机构不断创新升级的背景下，5G 在传统行业的领域里也将会有很大的创新空间，企业只要能够抓住 5G 市场的突破口，就能够迎来飞速发展。5G 市场的企业突破口如图 12-4 所示。

图 12-4　5G 市场的企业突破口

1. 口碑

在 5G 时代，信息交流的速度会进一步加快。大数据的覆盖使人们能够获取的信息量成倍增加，而网络时延的降低也会使人们能够更快速地获得各种信息。所以企业保持良好的口碑是非常必要的。

在以往的经营模式下，企业的口碑往往只会在行业内部传播，但在 5G 时代，信息的传播速度将会更快、传播范围也会更广。在这种情况下，优良的企业口碑将发挥出更大的作用，因此企业有必要打造好口碑，提升竞争力。

2. 场景塑造

无论是什么企业，想要发展就必须学会营销，而在 5G 时代，场景塑造将会成为一大营销优势。企业可依托 AR/VR 技术塑造全新营销场景，以全新的体验感吸引消费者的目光。

3. 智能设备制造与应用

随着 5G 技术的成熟，各种智能设备将迎来重大发展。企业想要把握住 5G 市场的风口，就需要抓住这一点。企业需要积极拥抱新的技术，依托新技术研发智能设备与应用。

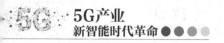

12.3.4 深化布局行业新蓝海

5G 在未来有广阔的发展前景，三大供应商是 5G 行业直接的推动者。中国移动已全面启动 5G 测试，并将投入 300 亿元的 5G 创新产业基金，扶持 5G 创新应用的发展。

面对大局初定的 5G 市场，新入局者如何找到新的突破口？5G 行业入局门槛较高，需要强大的技术基础，并与人才、资金、策略等相结合，才能在市场上站稳脚跟。5G 行业是新的蓝海，无论是供给方还是应用方都需要更多的企业推动发展，深化合作、优势互补是未来企业在 5G 行业发展的必然趋势。

5G 时代的到来，将会使社会或个人生活发生巨大改变，未来的 5G 市场也会及其庞大，但其发展的挑战也是存在的，5G 的发展需要大量的投入才能保持其发展。

即使是在 5G 行业里已经有所发展的华为，在 5G 需要攻克的壁垒、行业间的连接等方面，也要寻求更高效的合作方式。例如，华星创业就是华为的深度合作伙伴，为华为网络优化等提供合作服务。

5G 行业革命将促进新需求、新事物的产生和细分产业的大量增长。5G 的发展会推动许多新技术的创新、突破，如无人驾驶、物联网等。再如许多行业都十分关注的智能风控体系，其对大数据的分析和准确判断是保证行业健康运行的基础，但优质的数据网络是大数据准确运行的前提，5G 的成熟能够让分析更接近事实真相。

5G 不仅只带来了通信行业的春天，而且其应用遍布各个领域，甚至产生了全新的行业。因此各企业需要在发展中投入更多的人才、资本，才能把握住 5G 发展的脉络，发挥 5G 的更大优势。

完善促进消费体制机制实施方案
（2018—2020 年）（摘录）

（十一）进一步扩大和升级信息消费。加大网络提速降费力度。加快推进第五代移动通信（5G）技术商用。支持企业加大技术研发投入，突破核心技术，带动产品创新，提升智能手机、计算机等产品中高端供给体系质量。支持可穿戴设备、消费级无人机、智能服务机器人等产品创新和产业化升级。

利用物联网、大数据、云计算、人工智能等技术推动各类应用电子产品智能化升级。创新发展生活类信息消费，重点发展面向社区生活的线上线下融合服务、面向文化娱乐的数字创意内容和服务、面向便捷出行的交通旅游服务。推进网络游戏转型升级，规范网络游戏研发出版运营。培育形成一批拥有较强实力的数字创新企业。建立健全公共数据资源开放共享体系。

关于促进平台经济规范健康发展的
指导意见（摘录）

三、鼓励发展平台经济新业态，加快培育新的增长点

（一）积极发展"互联网+服务业"。支持社会资本进入基于互联网的医疗健康、教育培训、养老家政、文化、旅游、体育等新兴服务领域，改造提升教育医疗等网络基础设施，扩大优质服务供给，满足群众多层次多样化需求。

鼓励平台进一步拓展服务范围，加强品牌建设，提升服务品质，发展便民服务新业态，延伸产业链和带动扩大就业。鼓励商品交易市场顺应平台经济发展新趋势、新要求，提升流通创新能力，促进产销更好衔接。

（二）大力发展"互联网+生产"。适应产业升级需要，推动互联网平台与工业、农业生产深度融合，提升生产技术，提高创新服务能力，在实体经济中大力推广应用物联网、大数据，促进数字经济和数字产业发展，深入推进智能制造和服务型制造。

深入推进工业互联网创新发展，加快跨行业、跨领域和企业级工业互联网平台建设及应用普及，实现各类生产设备与信息系统的广泛互联互通，推进制造资源、数据等集成共享，促进一、二、三产业及大、中、小企业融通发展。

（三）深入推进"互联网+创业创新"。加快打造"双创"升级版，依托互联网平台完善全方位创业创新服务体系，实现线上线下良性互动、创业创新资源有机结合，鼓励平台开展创新任务众包，更多向中小企业开放共享资源，支撑中小企业开展技术、产品、管理模式、商业模式等创新，进一步提升创业创新效能。

（四）加强网络支撑能力建设。深入实施"宽带中国"战略，加快 5G 等新一代信息基础设施建设，优化提升网络性能和速率，推进下一代互联网、广播电视网、物联网建设，进一步降低中小企业宽带平均资费水平，为平台经济发展提供有力支撑。

附录 **C**

推进互联网协议第六版（IPv6）规模部署行动计划

1. 重要意义

（1）互联网演进升级的必然趋势。

基于互联网协议第四版（IPv4）的全球互联网面临网络地址消耗殆尽、服务质量难以保证等制约性问题，IPv6能够提供充足的网络地址和广阔的创新空间，是全球公认的下一代互联网商业应用解决方案。大力发展基于IPv6的下一代互联网，有助于显著提升我国互联网的承载能力和服务水平，更好地融入国际互联网，共享全球发展成果，有力支撑经济社会发展，赢得未来发展主动。

（2）技术产业创新发展的重大契机。

推进IPv6规模部署是互联网技术产业生态的一次全面升级，深刻影响着网络信息技术、产业、应用的创新和变革。大力发展基于IPv6的下一代互联网，有助于提升我国网络信息技术自主创新能力和产业高端发展水平，高效支撑移动互联网、物联网、工业互联网、云计算、大数据、人工智能等新兴领域快速发展，不断催生新技术新业态，促进网络应用进一步繁荣，打造先进开放的下一代互联网技术产业生态。

（3）网络安全能力强化的迫切需要。

加快IPv6规模应用为解决网络安全问题提供了新平台，为提高网络安全管理效率和创新网络安全机制提供了新思路。大力发展基于IPv6的下一代互联网，有助于进一步创新网络安全保障手段，不断完善网络安全保障体系，显著增强网络安全态势感知和快速处置能力，大幅提升重要数据资源和个人信息安全保护水平，进一步增强互联网的安全可信和综合治理能力。

2. 主要目标

用5～10年时间，形成下一代互联网自主技术体系和产业生态，建成全球最大规模的IPv6商业应用网络，实现下一代互联网在经济社会各领域深度融合应用，成为全球下一代互联网发展的重要主导力量。

（1）到 2018 年年末，市场驱动的良性发展环境基本形成，IPv6 活跃用户数达到 2 亿，在互联网用户中的占比不低于 20%，并在以下领域全面支持 IPv6：国内用户量排名前 50 位的商业网站及应用，省部级以上政府和中央企业外网网站系统，中央和省级新闻及广播电视媒体网站系统，工业互联网等新兴领域的网络与应用；域名托管服务企业、顶级域运营机构、域名注册服务机构的域名服务器，超大型互联网数据中心（IDC），排名前 5 位的内容分发网络（CDN），排名前 10 位云服务平台的 50% 云产品；互联网骨干网、骨干网网间互联体系、城域网和接入网，广电骨干网，LTE 网络及业务，新增网络设备、固定网络终端、移动终端。

（2）到 2020 年年末，市场驱动的良性发展环境日臻完善，IPv6 活跃用户数超过 5 亿，在互联网用户中的占比超过 50%，新增网络地址不再使用私有IPv4 地址，并在以下领域全面支持 IPv6：国内用户量排名前 100 位的商业网站及应用，市地级以上政府外网网站系统，市地级以上新闻及广播电视媒体网站系统；大型互联网数据中心，排名前 10 位的内容分发网络，排名前 10位云服务平台的全部云产品；广电网络，5G 网络及业务，各类新增移动和固定终端，国际出入口。

（3）到 2025 年年末，我国 IPv6 网络规模、用户规模、流量规模位居世界第一位，网络、应用、终端全面支持 IPv6，全面完成向下一代互联网的平滑演进升级，形成全球领先的下一代互联网技术产业体系。

反侵权盗版声明

电子工业出版社依法对本作品享有专有出版权。任何未经权利人书面许可，复制、销售或通过信息网络传播本作品的行为；歪曲、篡改、剽窃本作品的行为，均违反《中华人民共和国著作权法》，其行为人应承担相应的民事责任和行政责任，构成犯罪的，将被依法追究刑事责任。

为了维护市场秩序，保护权利人的合法权益，我社将依法查处和打击侵权盗版的单位和个人。欢迎社会各界人士积极举报侵权盗版行为，本社将奖励举报有功人员，并保证举报人的信息不被泄露。

举报电话：（010）88254396；（010）88258888

传　　真：（010）88254397

E-mail：　dbqq@phei.com.cn

通信地址：北京市万寿路173信箱

　　　　　电子工业出版社总编办公室

邮　　编：100036